Francesco Cester

Newton und die Relativität

—

Ein alternativer Zugang zur relativistischen Mechanik

mittels der Lex Secunda

Mutationem motus proportionalem esse vi motrici impressae,

et fieri secundum lineam rectam qua vis illa imprimitur

Francesco Cester

Newton und die Relativität

—

Ein alternativer Zugang zur relativistischen Mechanik

mittels der Lex Secunda

Meiner Frau und meinen Kindern gewidmet

Bibliografische Information der Deutschen Nationalbibliothek:

Die Deutsche Nationalbibliothek verzeichnet diese Publikation

in der Deutschen Nationalbibliografie; detaillierte bibliografische

Daten sind im Internet über http://dnb.dnb.de abrufbar.

Verlag:

BoD · Books on Demand GmbH, Überseering 33,

22297 Hamburg, bod@bod.de

Druck:

Libri Plureos GmbH, Friedensallee 273, 22763 Hamburg

ISBN: 978-3-8192-7951-5

Vorwort

Es gibt zwei Arten von Publikationen zur Speziellen Relativitätstheorie.

Zur ersten Kategorie gehören wissenschaftliche Werke, die sich der Mathematik bedienen, um die relativistischen Gesetze rigoros zu beweisen.

Diese Werke sind Lesern vorbehalten, die über die notwendigen mathematischen und physikalischen Kenntnisse verfügen, um den wissenschaftlichen Inhalt zu verstehen.

Die Veröffentlichungen der zweiten Kategorie richten sich an Leser, die sich für die Theorie interessieren, aber nicht über die notwendigen Kenntnisse verfügen, um ihren mathematischen Formalismus zu verstehen.

Die Autoren dieser populären Werke versprechen, die Konzepte so zu erklären, dass sie auch für Laien verständlich sind.

Sowohl die Arbeiten der ersten als auch die der zweiten Kategorie machen sich die paradoxen Grundannahmen zunutze, die der Relativitätstheorie zugrunde liegen.

Leser, die Schwierigkeiten haben, diese Annahmen zu akzeptieren, bleiben oft skeptisch gegenüber der Theorie.

Die vorliegende Arbeit leitet die relativistische Diskussion auf der Grundlage klarer und logischer Annahmen ein, mit dem Ziel, die nach Ansicht des Autors zu restriktive Auslegung des Geltungsbereichs der Newtonschen Mechanik zu überwinden.

Denn, seit der Entstehung der Speziellen Relativitätstheorie vor mehr als hundert Jahren herrscht unter den Wissenschaftlern weltweit die allgemeine Überzeugung, dass die physikalischen Gesetze Newtons nur bedingt gültig sind.

Die allgemein hingenommene Restriktion ist, dass die auf diesen Gesetzen basierende Newtonsche Mechanik nur für konstante Massen und niedrige Geschwindigkeiten anwendbar ist.

Das zweite Prinzip der Dynamik, im Sinne Newtons als zeitliche Ableitung des Impulses definiert, besteht jedoch aus zwei Termen. Der erste wohl bekannte Term beschreibt die Geschwindigkeitsänderung. Der zweite allgemein nicht verwendete Term berücksichtigt eine mögliche Trägheitsänderung des physikalischen Körpers, auf den die Kraft wirkt.

In der vorliegenden Arbeit wird nun gezeigt, dass, durch die Verwendung beider Terme, das zweite Gesetz der Dynamik von Newton sehr wohl auch mit veränderlicher Masse und bei hohen Geschwindigkeiten gültig bleibt und damit die Grundlage für eine neue Interpretation der Relativitätstheorie gelegt.

Die hier vorgestellten Demonstrationen bringen die physikalischen Argumente auf eine einfachere und intuitivere Ebene als die etablierte relativistische Interpretation von Einstein und haben daher den Vorteil, dass sie verständlich und einleuchtend sind.

Elementare Kenntnisse der klassischen Mechanik, der Teilchenphysik und der Speziellen Relativitätstheorie reichen aus, um die mathematischen Aussagen nachzuvollziehen.

Den Abschluss der Arbeit bildet der Abschnitt „Historia operis", in dem der Autor darlegt, mit welchen Methoden er bei der Berechnung der Herleitungen vorgegangen ist.

To conclude this preface, I would like to point out that the contents of this book are also available from the same publisher in English under the title "Newton and Relativity" and in Italian under the title "Newton e la Relatività".

Ich bedanke mich bei allen Menschen, die mich
bei der Erstellung dieser Arbeit unterstützt haben.

Ein besonderer Dank geht an:

Dr. rer. nat. Manfred Clemente

Dr. rer. nat. Hans-Michael Korff

Inhaltsverzeichnis

Einleitung

In der zweiten Hälfte des 19. Jahrhunderts vereinigte der schottische Physiker James Clerk Maxwell die elektrischen und magnetischen Phänomene in der Theorie des Elektromagnetismus und beschrieb die grundlegenden Gesetze mit einem System von vier Differentialgleichungen.

Dies war eine Leistung von enormer Bedeutung für die Physik.

Dieser Erfolg machte den Physikern zwar bewusst, dass die Wissenschaft mit den Newtonschen Gesetzen für die Mechanik und den Maxwellschen Gleichungen für die Elektrodynamik endlich in der Lage war, alle Naturphänomene zu erklären, hinterließ sie aber auch in einem Zustand der Unsicherheit.

Die Maxwellschen Gleichungen erwiesen sich nämlich als unvereinbar mit der Galilei-Transformation, auf der die klassische Kinematik beruht.

Die für den Maxwellschen Elektromagnetismus geeignete Transformation wurde von dem niederländischen Physiker Hendrik Antoon Lorentz berechnet. Diese Transformation betraf nicht nur die Raumkoordinaten, sondern auch die Zeitkoordinate.

Für den leeren Raum gelöst, reduzieren sich die Maxwellschen Beziehungen auf die Gleichung einer Welle, die sich mit der Geschwindigkeit des Lichts ausbreitet. Diese Tatsache unterstützte die Hypothese der elektromagnetischen Natur des Lichts.

Mit dem Michelson-Interferometer wurde 1886 die Konstanz der Lichtgeschwindigkeit für alle Inertialsysteme nachgewiesen. Dieses Experiment bestätigte die Unzulänglichkeit der klassischen Kinematik und machte zugleich die Notwendigkeit deutlich, eine neue physikalische Theorie zu entwickeln.

Im Jahr 1905 leitete Einstein auf der Grundlage der Konstanz der Lichtgeschwindigkeit die Transformationen ab, die das Verhalten der Raumzeit bei hohen Geschwindigkeiten korrekt beschreiben. Diese Transformationen sind die gleichen, die Lorentz an die Maxwellschen Gleichungen angepasst hatte.

Die Lorentz-Transformationen als Grundlage der Relativitätstheorie

Die Lorentz-Transformationen, die an die Stelle der Galilei-Transformationen traten, beseitigten die Unvereinbarkeit des Elektromagnetismus mit der Kinematik und bildeten die Grundlage für eine neue Theorie: die Relativitätstheorie.

Die unmittelbaren Folgen sind:

- Relativität der Gleichzeitigkeit: Ereignisse, die für einen Beobachter gleichzeitig stattfinden, können für einen anderen Beobachter in relativer Bewegung nicht gleichzeitig sein.
- Zeitdilatation: Bewegte Uhren erscheinen langsamer als „stationäre" Uhren.
- Längenkontraktion: Objekte scheinen sich in Richtung ihrer Bewegung zu verkürzen.
- Geschwindigkeitslimit: Kein physikalisches Objekt kann in einem Vakuum die Lichtgeschwindigkeit überschreiten.

Raum und Zeit können daher nicht mehr als absolut angesehen werden, wie Newton glaubte. Dies sind die Annahmen, auf denen die Theorie beruht.

Wer Schwierigkeiten mit der Akzeptanz dieser Grundvoraussetzungen hat, neigt mehr oder weniger unbewusst zu einer skeptischen Haltung gegenüber der Theorie selbst.

Auch ich befand mich lange Zeit in dieser Situation und suchte daher einen anderen Zugang zur Relativitätstheorie, der von intuitiv zugänglichen Prämissen ausgeht.

Diese Absicht konkretisierte sich in der folgenden Arbeit, zu der ich durch einen wissenschaftlichen Artikel mit dem Titel „Eine elementare Herleitung von E=mc²"[1] angeregt wurde (siehe Anhang A I).

Mit diesem Artikel konnte der Physiker Fritz Rohrlich zeigen, dass sich Einsteins berühmte Gleichung $E = mc^2$, welche die Äquivalenz von Energie und Masse beschreibt, aus den Gesetzen der klassischen Physik, ganz ohne Anwendung der relativistischen Mechanik herleiten lässt.

Die Beweisführung, gestützt auf den Dopplereffekt bei elektromagnetischer Strahlung, zeigt, dass Einsteins berühmte Formel nicht zwingend die Relativitätstheorie voraussetzt.

Unter der Annahme, die Äquivalenz zwischen Energie und Masse könne aus der klassischen Physik abgeleitet werden, stellt sich jetzt folgende Frage:

Ist es von diesem Prinzip ausgehend möglich, einen einfacheren Zugang zur Relativitätstheorie einzuleiten als den, der sich seit Beginn des 20. Jahrhunderts etabliert hat?

Die etablierte Herleitungsmethode, die vom Postulat der Konstanz der Lichtgeschwindigkeit für alle gleichförmig bewegten Inertialsysteme ausgeht und auf den Lorentz-Transformationen ruht, verwirft die Konzeption eines absoluten Raums und einer absoluten Zeit und ist somit nicht leicht erfassbar.

Ist es dann möglich, einen anderen, leichter nachvollziehbaren Weg zu beschreiten, um die relativistischen Gesetze zu beweisen?

Durch meine Untersuchungen konnte ich feststellen, dass es möglich ist, ausgehend vom zweiten Gesetz der Dynamik in Verbindung mit dem Prinzip der Äquivalenz zwischen Energie und Masse, eine neue Herangehensweise zu verfolgen, bei der veränderliche Massen mit einbezogen werden.

---

[1] Veröffentlicht 1990 in American Journal of Physics, S. 348, Band 58, Ausgabe 4

Auf diese Weise kann eine direkte Verbindung zwischen klassischer und relativistischer Mechanik hergestellt werden.

Die vorliegende Arbeit zeigt die Ergebnisse dieser Untersuchungen. Die Arbeit gliedert sich in drei Teile:

Beschreibung der neuen Methode

Im ersten Teil wird der Anwendungsbereich des zweiten Prinzips der Dynamik untersucht (Kapitel 1 und 2) und es werden drei alternative Beweise des Äquivalenzprinzips von Energie und Masse aufgezeigt (Kapitel 3 und 4).

Im zweiten Teil wird das zweite Gesetz der Dynamik in Verbindung mit dem Äquivalenzprinzip Energie-Masse verwendet, um die Abhängigkeit der Masse von der Geschwindigkeit herzuleiten (Kapitel 5) und um die Berechnung der kinetischen Energie auf beliebige Geschwindigkeiten bis nahe der Lichtgeschwindigkeit zu erweitern (Kapitel 7).

Diese zwei Prinzipien bilden dann im Verlauf des dritten Teils der Arbeit die Grundlage für weitere Herleitungen.

Im Rahmen von Gedankenexperimenten und durch die Anwendung des Energie- und Impulserhaltungssatzes kann somit, ohne Verwendung der Lorentz-Transformation, das relativistische Additionstheorem der Geschwindigkeiten hergeleitet werden (Kapitel 9 und 11).

Kapitel 14 betrifft die zentrale Zielsetzung der Arbeit.

Unter den Naturerscheinungen, die aktuell in der Physikwelt für unvereinbar mit der Newtonschen Mechanik gehalten werden, ist die für alle gleichförmig bewegten Bezugssysteme nachweisbare Konstanz der Lichtgeschwindigkeit im Vakuum die wichtigste.

Die Konstanz der Lichtgeschwindigkeit ist auch das zentrale Postulat der Relativitätstheorie und steht symptomatisch für die Kluft zwischen klassischer und relativistischer Mechanik.

In Kapitel 14 wird dennoch gezeigt, dass die theoretische Bestätigung der Konstanz der Lichtgeschwindigkeit mit Hilfe der Newtonschen Mechanik erbracht werden kann.

In den letzten zwei Kapiteln werden schließlich die kinetischen Abhängigkeiten der Frequenz der elektromagnetischen Strahlung (Kapitel 16) und der Beschleunigung (Kapitel 17) hergeleitet.

Für die Herleitung der Formeln werden nur die Erhaltungssätze der Energie und des Impulses verwendet.

Ergebnisse der neuen Methode

Als Ergebnis der gesamten Studie können folgende Schlussfolgerungen gezogen werden:

- Die Äquivalenz Energie-Masse ist nicht zwangsläufig ein relativistischer Grundsatz sondern, wie Einstein selbst bewiesen hat (siehe Kapitel 3), ein aus den Gesetzen der klassischen Physik ableitbares Prinzip.

- Die für alle gleichförmig bewegten Bezugssysteme geltende Konstanz der Lichtgeschwindigkeit im Vakuum ist kein a priori hinzunehmendes Postulat, sondern ein durch die Gesetze der Physik beweisbarer Grundsatz.

- Wird das zweite Gesetz der Dynamik als leitendes Prinzip betrachtet, dann kann die Relativitätstheorie als logische Erweiterung der Newtonschen Mechanik angesehen werden.

Zu guter Letzt gilt dann: Die von Newton aufgestellten Gesetze der Dynamik bilden eine breitere physikalische Grundlage, als gewöhnlich vermutet wird.

1 Über die Grenzen der klassischen Mechanik

Auf die Grenzen der klassischen Mechanik für die Erklärung der Naturerscheinungen wird am Anfang zahlreicher Werke zur Relativitätstheorie
verwiesen. Sinngemäß gehen diese Werke oft wie folgt vor:

In den meisten Abhandlungen wird von Experimenten ausgegangen,
welche die Unveränderlichkeit der Lichtgeschwindigkeit in allen
gleichförmig bewegten Bezugssystemen, unabhängig von ihrem Ruhe-
oder Bewegungszustand, belegen.

Da Beobachter in verschiedenen Bezugssystemen, trotz ihrer relativen
Bewegung zueinander, die gleiche Geschwindigkeit für das Licht messen,
folgt als Konsequenz, dass sie sich weder über die Gleichzeitigkeit der
Ereignisse, noch über die Dimensionen der Körper einig sein können.

Auf Grund dieser Erkenntnisse ist man dazu gezwungen, sich von der
Vorstellung eines absoluten Raums und einer absoluten Zeit zu
verabschieden. Da aber Raum und Zeit relative Größen sind, ergibt sich
die Notwendigkeit, das Relativitätsprinzip der Mechanik neu zu
definieren.

Als Folge dieser Entwicklung werden dann Koordinatentransformationen
zwischen Bezugssystemen[2] und die in ihnen beobachteten Messungen von
Raum und Zeit als Funktion ihrer Geschwindigkeiten festgelegt.

Daraufhin wird bestätigt, dass alle diese Hypothesen mit den
experimentellen Beobachtungen bei hohen Geschwindigkeiten im
Einklang stehen.

---

[2] Es handelt sich hier um die sogenannten Lorentz-Transformationen. Sie erfüllen die zentrale
Forderung der Relativitätstheorie, wonach, unabhängig von der Relativgeschwindigkeit gleichförmig
bewegter Bezugssysteme, die gleichen physikalischen Gesetze herrschen müssen.

Schließlich wird auf die Grenzen der klassischen Mechanik hingewiesen, und zwar nicht nur im kosmischen Bereich, sondern auch im Experimentalgebiet subatomarer Teilchen.

Das ist im Wesentlichen das, was in den erwähnten Publikationen zur Relativitätstheorie über die klassische Mechanik behauptet wird.

Unzulänglichkeit der klassischen Kinematik

Die Kritik richtet sich vor allem gegen die Galilei-Transformation und zeigt somit die Unanwendbarkeit der klassischen Kinematik auf hohe Geschwindigkeiten.

Um die Grenzen der klassischen Mechanik vollständig zu analysieren, muss jedoch festgestellt werden, ob diese Unzulänglichkeit der Kinematik von einem ähnlichen Mangel der klassischen Dynamik begleitet wird.

Wir werden sehen, zu welchen Schlussfolgerungen wir kommen.

Das zweite Gesetz Newtons, aus dem die klassische Dynamik hervorgeht, wird gewöhnlich durch folgende Relation zwischen Kraft- und Beschleunigungsvektor ausgedrückt:

$$\vec{F} = m\vec{a} \quad \Leftrightarrow \quad \vec{F} = m\frac{d\vec{v}}{dt} \qquad (1.1)$$

Wobei die Proportionalitätskonstante m, Masse genannt, ein Maß für die Trägheit des starren Körpers darstellt, auf den die Kraft wirkt.

Ausgehend von der Relation (1.1), lässt sich die Energie, die auf die Masse m durch die Kraft F längs des infinitesimalen Wegelements ds übertragen wird, durch folgende Differentialgleichung ausdrücken:

$$F ds = m\frac{dv}{dt} ds - mv dv \qquad (1.2)$$

Später werden wir sehen, dass sich durch die Integration der Relation (1.2) die kinetische Energie des Massepunktes ergibt.

Hierbei ist zu beachten, dass die Gleichungen (1.1) und (1.2) die direkte Proportionalität zwischen Kraft und Beschleunigung eines Massepunkts voraussetzen.

Die Konsequenz dieses Ansatzes ist, dass bei Geschwindigkeitsänderungen die Trägheit des Massepunktes, auf den die Kraft wirkt, unverändert bleibt.

Ersetzt man den fiktiven Massepunkt durch reelle Atomteilchen, dann bedeutet die Annahme der Unveränderlichkeit der Trägheit in der Sichtweise der klassischen Physik, dass z.B. ein Elektron durch ein starkes elektrisches Feld bis zu einer beliebig hohen Geschwindigkeit beschleunigt werden kann.

Diese Hypothese stellt sich aber für Geschwindigkeiten nahe der Lichtgeschwindigkeit als falsch heraus, wie experimentelle Beobachtungen bei Teilchenbeschleunigern zeigen.

Die Experimente ergeben, dass sich bei steigender Geschwindigkeit eine Zunahme der Teilchenträgheit feststellen lässt, die zu einer fortschreitenden Abnahme der Teilchenbeschleunigung führt.

Für Geschwindigkeiten, die an die des Lichtes herankommen, strebt die Beschleunigung sogar gegen Null.

Das bedeutet, dass für hohe Geschwindigkeiten eine direkte Proportionalität zwischen Kraft und Beschleunigung nicht mehr besteht.

Ist das grundlegende Gesetz der Mechanik also falsch?

Bei weitem nicht!

Das zweite Prinzip der Dynamik ist allgemein gültig

Das zweite Gesetz der Dynamik, so wie es Newton formuliert hat, ist korrekt.

In einem meiner Physik-Lehrbücher liest man treffend:

„Die ursprüngliche Formulierung des zweiten Prinzips der Dynamik durch Newton ist folgende: <u>die auf einen Körper wirkende Kraft ist der zeitlichen Ableitung des Impulsvektors gleich.</u>"[3]

In seinem berühmten Werk "Philosophiae Naturalis Principia Mathematica" schreibt Newton:

"Mutationem motus proportionalem esse vi motrici impressae, et fieri secundum lineam rectam qua vis illa imprimitur."

Also, *„Mutationem motus"*… und nicht *„Mutationem velocitatis"*.

Das sich wie folgt deuten lässt:

$$\vec{F} = \frac{d\vec{p}}{dt} \quad \Leftrightarrow \quad \vec{F} = \frac{d(m\vec{v})}{dt} \qquad (1.3)$$

Nach der richtigen Interpretation des Newtonschen Gesetzes ist die Beziehung (1.3) der allgemein gültige Ausdruck des zweiten Prinzips der Dynamik und sollte daher, wie wir später zeigen werden, anstelle von (1.1) für eine korrekte Behandlung der Mechanik im allgemeinsten Fall verwendet werden.

In Gleichung (1.3) stellt $\vec{p}$ den Impulsvektor des starren Körpers dar. Dieser ist zu dem Produkt $m\vec{v}$ aus Masse und Geschwindigkeit gleich.

Es ist ersichtlich, dass (1.3) auf (1.1) reduziert werden kann, wenn die Masse nahezu unverändert bleibt, was für $v \ll c$ sicher gültig ist.

Für Geschwindigkeiten nahe der Lichtgeschwindigkeit hingegen, muss die Masse als Funktion der Geschwindigkeit betrachtet werden und deswegen muss differenziert werden.

---

[3] Daniele Sette – Lezioni di fisica – Volume I, Seite 100, Nov. 1963. Es ließe sich darüber diskutieren, was Newton genau gemeint hat. Wichtig für diese Arbeit ist die richtige Auslegung seines Gesetzes.

Grundlegende Beziehung

Grundlegende Beziehung

Wenn die elementare Arbeit durch die Kraft F längs des infinitesimalen Wegelements ds ausgedrückt wird, ergibt sich ausgehend von (1.3) und analog zu (1.2), folgende Differentialgleichung[4]:

$$Fds = \frac{ds}{dt}dp \quad \Leftrightarrow \quad Fds = vd(mv) \quad \Leftrightarrow \quad Fds = v\,(mdv + vdm) \quad (1.4)$$

beziehungsweise:

$$dE = Fds = mvdv + v^2 dm \qquad (1.5)$$

Die Relation (1.5) ist von fundamentaler Bedeutung für die Zielsetzung der vorliegenden Arbeit.

Es ist zu beachten, dass Gl. (1.5) sich zu (1.2) vereinfacht, wenn die Masse, und somit die Trägheit des Körpers, unverändert bleibt ($dm = 0$).

Im Gegensatz zur Relation (1.2) wird durch die Beziehung (1.5) berücksichtigt, dass eine Übertragung von Energie auf einen starren Körper von einer Zunahme seiner Trägheit begleitet wird, wie experimentelle Beobachtungen bei hohen Geschwindigkeiten belegen. Somit liefert Gleichung (1.5) die grundlegende Energie-Beziehung zum weiteren Aufbau der Newtonschen Mechanik für beliebige Geschwindigkeiten.

Alternative Beweise

Wir werden daher im Laufe dieses Werkes auf Relation (1.5) zurückgreifen, um folgende alternative Herleitungen zu erhalten[5]:

---

[4] Ab jetzt wird in den Formeln auf die Verwendung der Vektoren verzichtet und stattdessen werden ihre Beträge benutzt in der Annahme, dass der Weg ds immer parallel zur Kraft F verläuft.

[5] In Anhang AV sind die Gleichungen der Mechanik aufgeführt, die in dieser Arbeit behandelt werden, insbesondere die relativistischen Beziehungen, die sich direkt aus dem zweiten Newtonschen Gesetz der Dynamik ableiten.

- die relativistische Formel der Geschwindigkeitsabhängigkeit der Masse (Kapitel 5)

- die kinetische und die gesamte Energie des starren Körpers (Kapitel 7)

- die Beziehung der relativistischen Beschleunigung in Abhängigkeit von der Geschwindigkeit (Kapitel 17).

Aus Relation (1.5) lassen sich auch alle anderen relativistischen Formeln, die in dieser Arbeit betrachtet werden, indirekt ableiten.

Da die Relation (1.5) drei ungleiche Differenziale (ds, dm, dv) enthält, ist sie nur dann integrierbar, wenn eine zweite Beziehung zwischen Energie und Geschwindigkeit oder Energie und Masse bekannt ist.

Durch solch eine Relation wäre es dann möglich, eines der drei Differenziale aus (1.5) zu eliminieren und somit die Integration durchführen zu können.

Wie wir später sehen werden, ist die notwendige Beziehung die der Äquivalenz zwischen Masse und Energie $E = mc^2$, die im dritten Kapitel mit der klassischen Physik nachgewiesen wird.

Die Integration von (1.5) kann dann in den folgenden Kapiteln durchgeführt werden.

Die meist verwendete Relation des zweiten Prinzips der Dynamik basiert auf der direkten Proportionalität zwischen Kraft und Beschleunigung. In dieser Form ist Newtons Gesetz für die Beschreibung physikalischer Zusammenhänge bei hohen Geschwindigkeiten, bei denen eine Zunahme der Trägheit der Körper beobachtet wird, nicht geeignet. Richtig interpretiert als zeitliche Ableitung des Impulses, gewinnt das zweite Prinzip der Dynamik jedoch den Charakter eines universell gültigen Gesetzes und liefert damit den geeigneten Ausdruck, der die Massenveränderung berücksichtigt. Die daraus resultierende Differentialgleichung ist aber ohne die zweite Relation zwischen Energie und Masse nicht lösbar.

2 Das Gesetz Newtons - Eine Analyse

Bevor mit der Durchführung der ersten alternativen Herleitung begonnen wird, lohnt es sich das Gesetz Newtons etwas genauer zu analysieren.

Wie im vorangegangenen Kapitel dargelegt, spricht Newton von „*Mutationem motus*", was als eine Veränderung des Impulses interpretiert wird. Er hat der Menschheit also sein Gesetz in der folgenden kompakten Form hinterlassen:

$$\vec{F} = \frac{d\vec{p}}{dt} \quad \Leftrightarrow \quad \vec{F} = \frac{d(m\vec{v})}{dt} \qquad (1.3)$$

Oder:

$$\vec{F} = m\frac{d\vec{v}}{dt} + \vec{v}\frac{dm}{dt} \qquad (2.1)$$

Man sieht, dass der Kraftvektor aus zwei Termen besteht.

In der ersten Komponente kommt der Differentialquotient der Geschwindigkeit vor, die wir als veränderlichen Vektor kennen und dagegen wird erstmal nichts weiter eingewendet.

In der zweiten Komponente kommt der Differentialquotient der Masse vor, und das ist bemerkenswert, denn in dieser Form lässt das Gesetz die hypothetische Annahme einer veränderlichen Masse zu.

So ausgelegt, ist das Gesetz Newtons seiner Zeit weit voraus gewesen, denn zu Newtons Zeit waren Naturerscheinungen, bei denen eine Veränderung der Masse vorkommt, nicht bekannt.

In ihrer Bahn um die Sonne erreicht die Erde eine Geschwindigkeit von rund 30 km/s. Damit ergibt sich ein Verhältnis Erd- / Lichtgeschwindigkeit $\beta = 0.0001$. Etwas größer ist mit $\beta = 0.00016$ die Aberrationskonstante des Planeten Merkur. Und diese dürfte auch die höchste Geschwindigkeit gewesen sein, die Newton bekannt war, wenn überhaupt.

Bei diesen Geschwindigkeiten wissen wir heute, dass sich eine Massenveränderung, wegen der kinetischen Abhängigkeit der Trägheit, nicht bemerkbar macht.

Newton war also nicht in der Lage eine mögliche Abhängigkeit der Masse von der Geschwindigkeit experimentell zu verifizieren, geschweige denn diese Abhängigkeit analytisch festlegen zu können.

Nach Gl. (2.1) hatte er zwar die zwei Terme ($m\dfrac{d\vec{v}}{dt}$ und $\vec{v}\dfrac{dm}{dt}$) zur Verfügung, mit denen er seine Mechanik hätte erkunden können, entsprechend dem Kenntnisstand seiner Zeit, hat er aber nur den ersten verwendet:

$$\vec{F} = m\frac{d\vec{v}}{dt} \qquad (2.2)$$

Und daraus ist die klassische Mechanik entstanden, die immer ein Grenzfall im Rahmen der Physik gewesen ist und auch heute noch bleibt.

Newton ist also zwangsläufig kein optimaler Anwender des eigenen Gesetzes gewesen. Und auch seine Vorstellung von Raum und Zeit ist aus heutiger Sicht nicht korrekt.

- So postuliert Newton für die Zeit: *"Die absolute, wahre und mathematische Zeit verfließt an sich und vermöge ihrer Natur gleichförmig und ohne Beziehung auf irgendeinen äußeren Gegenstand."*

- Und für den Raum behauptet er: *"Der absolute Raum bleibt vermöge seiner Natur und ohne Beziehung auf irgendeinen äußeren Gegenstand stets gleich und unbeweglich."*

Nun wollen wir aber sehen, zu welchen Schlussfolgerungen wir heute aufgrund von Experimenten kommen können, die zu Newtons Zeiten nicht möglich waren.

Zu diesem Zweck wird Relation (2.1) für eine detailliertere Untersuchung in Energieform verwendet.

Wir führen das Skalarprodukt des Kraftvektors $\vec{F}$ mit einer infinitesimalen Wegstrecke $d\vec{s}$ ein, die in die Wirkungsrichtung der Kraft verläuft. Es wird dann eine infinitesimale Arbeit geleistet und somit eine infinitesimale Energie übertragen:

$$\vec{F} \cdot d\vec{s} = F ds = dE$$

Aus (2.1) erhalten wir dann:

$$dE(v, m) = m\frac{ds}{dt}dv + v\frac{ds}{dt}dm$$

Oder:

$$dE(v, m) = mvdv + v^2 dm \qquad (2.3)$$

In (2.3) sind die zwei jetzt umgestalteten Terme immer noch eindeutig zu erkennen:

- Der eine, $mvdv$, beschreibt die Geschwindigkeitsänderung,
- der andere, $v^2 dm$, die Massenänderung.

Konsequenterweise hängt die infinitesimale Energie dE der linearen Bewegung im Allgemeinen sowohl von der Geschwindigkeitsänderung als auch von der Massenänderung ab.

Überlegungen zur Geschwindigkeit

Nun sollte die Differentialgleichung (2.3) integriert werden. Dazu ist die Relation erforderlich, welche die Abhängigkeit der Masse von der Geschwindigkeit beschreibt. Diese Relation war aber zu Newtons Zeiten nicht bekannt.

Heute stehen den Physikern Teilchenbeschleuniger zur Verfügung, mit denen Experimente bei verschiedenen Geschwindigkeiten durchgeführt werden können.

Fall $v \ll c$: Die Experimente zeigen, dass bei niedrigen Geschwindigkeiten die Masse der Teilchen so gut wie konstant bleibt ($dm/dt \approx 0$). In diesen Fällen wirkt die infinitesimale Energie dE, die dem Körper zugeführt wird, nur auf den ersten Term von Gleichung (2.3), und daher kann diese Relation wie folgt vereinfacht werden:

$$dE(v) = mvdv + \cancel{v^2 dm} \qquad (2.4)$$

Die Differentialgleichung (2.4) kann man leicht integrieren, um daraus die Relation der kinetischen Energie abzuleiten:

$$E = \frac{1}{2}mv^2$$

Und so lässt sich auch weiter die klassische Mechanik darauf aufbauen.

Fall $v \to c$: Bei sehr hohen Geschwindigkeiten nahe c ergibt sich aber etwas ganz anderes. Die Experimente zeigen, dass sich die Teilchen nahe dieser Geschwindigkeit kaum noch beschleunigen lassen. Ihre Masse scheint also zu wachsen, während ihre Geschwindigkeit bei Werten dicht unter c so gut wie konstant bleibt. Daraus folgt: $dv/dt \approx 0$ schon bei nicht übermäßig großen Werten der Masse. Somit wird der Term $mvdv$ vernachlässigbar klein gegen $v^2 dm$. Bei sehr hohen Geschwindigkeiten nahe c, wird aus (2.3) also (2.5):

$$dE(m) = \cancel{mvdv} + v^2 dm \qquad (2.5)$$

Das zeigt, dass sich in diesem Fall die Erhöhung der Energie praktisch nur auf den zweiten Term der Relation (2.3) auswirkt. Dies bewirkt eine Zunahme der Masse des Systems bei beinahe konstanter Geschwindigkeit. Aus (2.5) für $v \to c$ lässt sich dann folgende Gleichung ableiten …:

$$dE = c^2 dm \qquad (2.6)$$

… welche, in infinitesimaler Form, dem Prinzip der Äquivalenz zwischen Energie und Masse $\Delta E = \Delta m c^2$ entspricht. Das gilt allerdings nur für $v \approx c$ in diesem Beispiel und ist kein allgemeiner Beweis des Äquivalenzprinzips.

Aus den experimentellen Ergebnissen und aus dem ersten Term des Newtonschen Gesetzes ergibt sich eine korrekte Beschreibung der Naturerscheinungen bei niedrigen Geschwindigkeiten, so wie es im Rahmen der klassischen Mechanik immer noch der Fall ist.

Die Experimente zeigen aber auch, dass bei hohen Geschwindigkeiten die Trägheit der Körper nicht konstant bleibt, mit den folgenden Konsequenzen:

- Die Masse darf nicht als Konstante betrachtet werden.
- Es gibt eine Obergrenze für die Geschwindigkeit.
- Die Galilei-Transformation ist für hohe Geschwindigkeiten unbrauchbar.
- Das zweite Gesetz der Dynamik muss mit den beiden Termen verwendet werden, die aus seiner Differenzierung resultieren, damit es auch für beliebige Geschwindigkeiten allgemein gültig bleibt.

Mit dieser letzten Erkenntnis können wir uns die Frage stellen:

Wenn sich aus dem ersten Term der Relation (2.1) allein die klassische Mechanik ableiten lässt, was kann dann durch die Verwendung beider Terme erreicht werden?

Und diese Frage hätte sich bestimmt auch Newton gestellt, wenn ihm die Ergebnisse aus Experimenten bei hohen Geschwindigkeiten zur Verfügung gestanden hätten.

Eine konkrete Antwort auf diese Frage kann als die Hauptaufgabe der vorliegenden Arbeit betrachtet werden.

Rückblick in die Vergangenheit

Newton standen damals keine experimentellen Ergebnisse bei hohen Geschwindigkeiten zur Verfügung, deswegen ging er davon aus, dass die Masse bei jeder beliebigen Geschwindigkeit konstant bleibt.

Konsequenterweise verwendete er nur den ersten Term der Relation (2.1).

Die Physiker, seine Nachfolger, erbten von ihm beide Terme, verwendeten aber nur einen einzigen, auch nachdem ihnen die Ergebnisse von Experimenten bei hohen Geschwindigkeiten zur Verfügung standen. Und so herrschte und herrscht auch weiterhin die Überzeugung, dass das Gesetz Newtons nur bei niedrigen Geschwindigkeiten und unveränderlicher Masse anwendbar sei.

Bis zum heutigen Tag hat sich diese Einstellung zur Newtonschen Mechanik nicht geändert.

Die Wikipedia ist ein zuverlässiger Meinungsindikator im Rahmen der Wissenschaft.

In der englischen Version des Artikels über die Gesetze der Dynamik Newtons wird behauptet, dass die Relation des zweiten Prinzips der Dynamik $\vec{F} = d(m\vec{v})/dt$ nur für konstante Masse gilt:

"[...] Since Newton's second law is valid only for constant-mass systems, m can be taken outside the differentiation operator by the constant factor rule in differentiation. [...]" (Stand Nov. 2018).

Andere Physiker sind hingegen der Meinung, dass das Zweite Newtonsche Gesetz zwar nur für konstante Masse konzipiert worden sei, dass es sich aber durch einen *„relativistischen Eingriff"* korrigieren ließe. Zum Beispiel, Richard Feynman schreibt zu Newtons zweitem Prinzip der Dynamik in seinem Werk „Lectures on Physics" (Kapitel 15):

„For over 200 years the equations of motion enunciated by Newton were believed to describe nature correctly, and the first time that an error in these laws was discovered, the way to correct it was also discovered. Both the error and its correction were discovered by Einstein in 1905.
Newton's Second Law, which we have expressed by the equation
$$F = d(mv)/dt,$$
was stated with the tacit assumption that m is a constant, but we now know that this is not true, and that the mass of a body increases with velocity. In Einstein's corrected formula m has the value

$$m = \frac{m_0}{\sqrt{1 - v^2/c^2}}$$

where the rest mass m_0 represents the mass of a body that is not moving and c is the speed of light [...]".

In der Tat, wenn in Gleichung $F = d(mv)/dt$ die Masse m durch die Formel $m_0/\sqrt{1 - v^2/c^2}$ der relativistischen geschwindigkeitsabhängigen Masse ersetzt und differenziert wird, ergibt sich der Ausdruck der relativistischen Beschleunigung (siehe A II im Anhang).

Somit ist erstmal die Meinung derjenigen widerlegt, die behaupten, dass das Gesetz Newtons nur für unveränderliche Masse anwendbar sei.

Das ist aber noch nicht alles. Es wird im Laufe dieser Arbeit gezeigt, dass das zweite Prinzip der Dynamik, auch ohne den hier oben erwähnten *„relativistischen Eingriff"*, allgemein korrekt bleibt. Denn durch Newtons Gesetz lässt sich die geschwindigkeitsabhängige Formel $m = m_0/\sqrt{1 - v^2/c^2}$ für die Masse auch ohne relativistische Annahmen herleiten (siehe Kapitel 5).

Wir haben die zwei Grenzfälle analysiert, bei denen jeweils nur einer der zwei Terme von (2.3) genügt, um die physikalischen Ereignisse ausreichend genau zu beschreiben. Das sind die Fälle: $v << c$ und $v \to c$.

Was ist aber, wenn die Geschwindigkeit zwischen diesen zwei Grenzwerten liegt, z.B. etwa in der Mitte?

Dann müssen beide Terme der Relation (2.3) verwendet werden, und damit wird die Mechanik auch von beiden beschrieben. Es werden dann sowohl Geschwindigkeits- als auch Massenänderungen in einer Formel berücksichtigt, und wir werden sehen, dass das Gesetz Newtons gültig bleibt.

Dies ist im Wesentlichen der „intuitive Zugang zur relativistischen Mechanik", den ich dem Leser vermitteln möchte.

Damit keine Missverständnisse im weiteren Verlauf dieser Arbeit entstehen, werden wir folgende Bezeichnungen für die Physik-Teilgebiete und ihre Ergebnisse verwenden:

- Als *„Klassische Mechanik"* wird der Teil der Mechanik bezeichnet, der nur mit dem ersten Term der Relation (2.3) auskommt.

- Als *Newtonsche Mechanik* wird der Teil der Mechanik bezeichnet, der beide Terme der Relation (2.3) verwendet. Wir werden sehen, dass, aus ihr startend, sich die Formeln der Speziellen Relativitätstheorie alternativ herleiten lassen.

- Als *klassische Physik* werden die Teilgebiete der Physik bezeichnet, die ohne die Konzepte der Quantenmechanik und ohne eine direkte oder indirekte Verwendung der Lorentz-Transformationen auskommen.

- Als *relativistische Herleitungen* werden die Beweisführungen von Formeln bezeichnet, welche direkt oder indirekt die Lorentz-Transformationen verwenden.

- Als *nicht-relativistische* oder *alternative Herleitungen* werden die Beweisführungen bezeichnet, die ohne eine direkte oder indirekte Verwendung der Lorentz-Transformationen auskommen.

- Als *Ergebnisse der klassischen Physik* werden alle Formeln und Verfahren bezeichnet, die sich für erheblich niedrigere Geschwindigkeiten als die des Lichts theoretisch beweisen und/oder für $v \ll c$ experimentell verifizieren lassen. Dazu gehören auch die Formeln der Energie, des Impulses und des Dopplereffekts der elektromagnetischen Strahlung bei niedrigen Geschwindigkeiten.

Auf diese Ergebnisse (und nur auf sie) wird in dieser Arbeit zurückgegriffen, um die Formeln der Speziellen Relativitätstheorie alternativ herzuleiten.

3 Herleitungen von E = mc² aus der klassischen Physik

Der Nachweis der Äquivalenz von Masse und Energie E = mc² im Rahmen der von Einstein etablierten Interpretation der Relativitätstheorie steht am Ende einer langen Kette von Ableitungen[6].

Am Anfang dieser Kette steht die Lorentz-Transformation, auf der die Theorie selbst beruht.

Da die Masse-Energie-Äquivalenz von vielen als das wichtigste Ergebnis der Relativitätstheorie angesehen wird, gilt sie als das überzeugendste Argument für diese Theorie gegenüber all jenen, die ihre paradoxen Annahmen nicht akzeptieren wollen.

Denn wie kann man die Gültigkeit einer so wichtigen Formel anerkennen, ohne die Theorie zu akzeptieren, aus der sie hervorgegangen ist?

Andererseits ist der Versuch, Kritiker mit Ergebnissen statt mit Argumenten zu überzeugen, ein offensichtlicher Mangel an Methode.

Für viele Physiker und Befürworter, die in E=mc² die beste Bestätigung für Einsteins Theorie sehen, ist der relativistische Ursprung dieser Gleichung jedoch fast zum Dogma geworden.

Daher ist es für sie irritierend, mit der Annahme konfrontiert zu werden, dass die Äquivalenz von Masse und Energie nicht unbedingt die Relativitätstheorie voraussetzen muss.

---

[6] In Max Borns bahnbrechendem Werk über die Relativitätstheorie „Die Relativitätstheorie Einsteins" wird der Nachweis von E = mc² als Näherung unter Verwendung der relativistischen Massenformel erbracht, nachdem diese aus der relativistischen Addition der Geschwindigkeiten abgeleitet wurde, die wiederum aus der Lorentz-Transformation stammt. Zur gleichen Demonstration stellen die Autoren Brandes und Czerniawski in ihrem Werk „Spezielle und Allgemeine Relativitätstheorie" zu E = mc² fest: „Eine exakte Herleitung gibt es nicht". Wie der Leser leicht erkennen kann, wird diese Aussage im Laufe dieses Kapitels widerlegt.

Im Laufe dieser Abhandlung werden wir sehen, dass die aus der klassischen Physik abgeleitete Äquivalenz zwischen Masse und Energie tatsächlich der beste Beweis für die Gültigkeit der Relativitätstheorie ist, aber nicht als Ergebnis, sondern als Voraussetzung für eine innovative und einfachere Interpretation der Theorie selbst.

Darüber hinaus ist die Irritation und Skepsis über die Möglichkeit, diese berühmte Gleichung auch mit der klassischen Physik zu beweisen, unbegründet, da Einstein selbst einen überzeugenden Beweis für diese Möglichkeit geliefert hat.

Über $E = mc^2$ schreibt Max Born in seinem Werk „Die Relativitätstheorie Einsteins" (fünfte Auflage, Springer-Verlag, Seite 244):

„Einsteins Gleichung $E = mc^2$, die die Proportionalität von Energie und träger Masse feststellt, ist oft das wichtigste Ergebnis der Relativitätstheorie genannt worden. Darum wollen wir noch <u>einen andern einfachen Beweis dafür geben, der von Einstein selbst stammt und keinen Gebrauch vom mathematischen Formalismus der Relativitätstheorie macht</u> [Hervorh. d. Verf.]. Dieser stützt sich auf die Tatsache der Existenz des Strahlungsdruckes. Daß eine Lichtwelle, die auf einen absorbierenden Körper auftritt, auf diesen einen Druck ausübt, folgt aus den Maxwellschen Feldgleichungen mit Hilfe eines von Poynting (1884) zuerst abgeleiteten Satzes; und zwar ergibt sich, daß der Impuls, der von einem kurzen Lichtblitz oder Lichtstoß von der Energie E auf die absorbierende Fläche ausgeübt wird, gleich E / c ist. [...] ".

Die Herleitung, die nach diesem Zitat folgt, beweist entgegen der allgemeinen Überzeugung, dass das Äquivalenzprinzip von Masse und Energie kein zwingendes Resultat der Relativitätstheorie ist, denn die von

Max Born zitierte Herleitung der Gleichung $E = mc^2$ stützt sich auf einen Satz aus dem Jahr 1884. Damals gab es nur die klassische Physik. Relativitätstheorie und Quantenmechanik wurden erst später entwickelt.

Ich werde nun meine eigene Demonstration des Masse-Energie-Äquivalenzprinzips $E = mc^2$ geben, die der oben erwähnten ähnelt und auf dem gleichen Phänomen des so genannten *„Strahlungsdrucks"* beruht.

Herleitung von E = mc² basierend auf dem "Strahlungsdruck".

Das verwendete Gedankenexperiment nutzt, anstelle der Wirkung der in einem Rohr emittierten Strahlung, wie von Max Born beschrieben, die Beobachtung des Phänomens der Emission und Absorption eines Lichtstrahls zwischen zwei physikalischen Körpern.

Wir betrachten ein physikalisches System, bestehend aus zwei gleichen Körpern K1 und K2 der Masse m, die anfänglich in einem Abstand l voneinander ruhen.

Es wird vorausgesetzt, dass die Körper keine Energie und keine Materie mit der Umgebung austauschen. Es wird außerdem angenommen, dass auf die Körper keine äußeren Kräfte einwirken.

Wegen dieser Annahmen gelten bei beliebigen Veränderungen des inneren Systemzustandes folgende Voraussetzungen:

1. **Die Gesamtmasse des Systems bleibt unverändert**

2. **Der Schwerpunkt des Systems verharrt im Ruhezustand**

Bei gleichen Massen liegt der Schwerpunkt B des Systems genau in der Mitte zwischen den Körpern in einem Abstand $l/2$ zu beiden, wie in Abbildung 1 dargestellt.

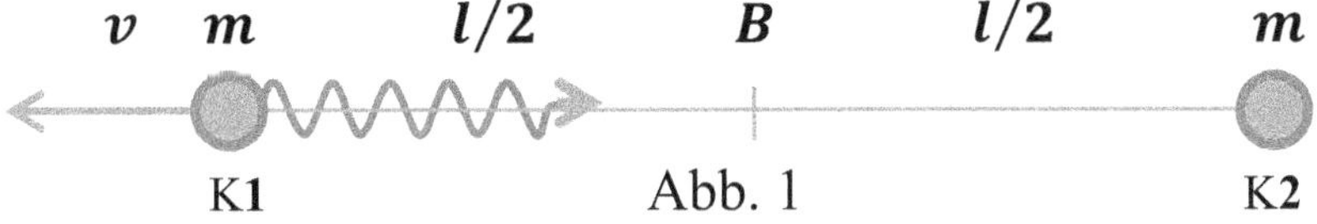

Es wird angenommen, dass zu einem bestimmten Zeitpunkt der Körper K1 links einen kurzen intensiven Lichtstrahl in Richtung des Körpers K2 rechts abstrahlt.

Durch die Emission des Lichtstrahls erhält der emittierende Körper K1 einen Rückstoß und bewegt sich danach in entgegengesetzter Richtung zum Lichtstrahl mit der Geschwindigkeit v.

Die erste Relation betrifft die Zeit

Wir setzen voraus, dass nach Ablauf der Zeit Δt nach der Emission der Lichtstrahl den Körper K2 erreicht hat und von diesem absorbiert wird. Während des gleichen Zeitintervalls hat der Körper K1 die Strecke Δl zurückgelegt. Deswegen gilt für das Zeitintervall folgende Relation (c = Lichtgeschwindigkeit):

$$\Delta t = \frac{l}{c} = \frac{\Delta l}{v}$$

Daraus folgt:

$$v = \frac{\Delta l}{l} c \qquad (3.1)$$

Abbildung 2 veranschaulicht die Lage des Systems zum Zeitpunkt der Absorption des Lichtstrahls seitens des Körpers K2.

Da laut Voraussetzung keine äußeren Kräfte auf das System wirken, hat sich inzwischen die Position des Körpers K2 nicht verändert.

Der Körper K1 links hat sich aber während der Zeitspanne Δt entfernt und hat nun den Abstand $l + \Delta l$ vom Körper K2.

Bei flüchtiger Betrachtung könnte man meinen, dass sich dadurch auch der Schwerpunkt B des Systems verschoben haben muss. Das ist aber nicht möglich, da nach Voraussetzung keine äußeren Kräfte auf das System wirken.

Daraus lässt sich schlussfolgern, dass wegen der Emission des Lichtstrahls, der Körper K1 links, der sich beim größeren Abstand vom Schwerpunkt befindet, um eine bestimmte noch zu berechnende Masse Δm abgenommen haben muss. Da anderseits die Gesamtmasse des Systems unverändert bleibt, muss die Masse des Körpers K2 rechts zwangläufig um den gleichen Betrag Δm zugenommen haben.

Daraus folgt, dass nach der Absorption des Lichtstrahls die Masse des Körpers K2 gleich $m + \Delta m$ und die Masse des Körpers K1 gleich $m - \Delta m$ geworden ist.

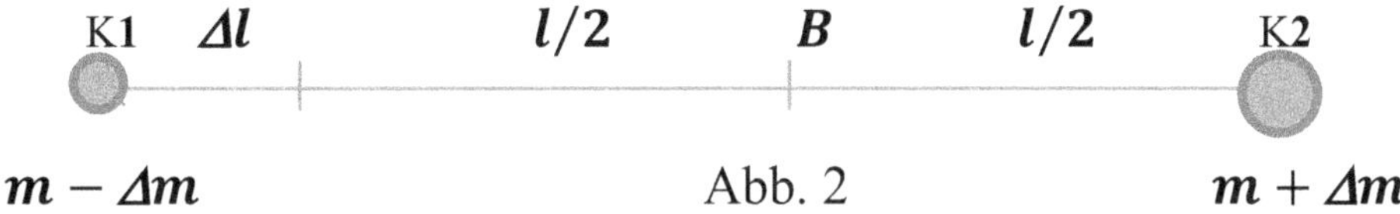

Für die Position des Schwerpunkts zwischen zwei Massen wie in Abb. 2 gilt:

$$(m - \Delta m)(\Delta l + l/2) = (m + \Delta m)\,l/2 \quad \Rightarrow$$

$$m\Delta l - \Delta m\Delta l + m\,l/2 - \Delta m\,l/2 = m\,l/2 + \Delta m\,l/2 \quad \Rightarrow$$

$$\frac{(m - \Delta m)\Delta l}{l} = \Delta m \qquad (3.2)$$

Mit der Relation (3.2) verfügen wir nun über die zweite notwendige Gleichung, um den Beweis herbeizuschaffen.

Die dritte, zur Herleitung des Äquivalenzprinzips erforderliche Gleichung, liefert uns der am Anfang dieses Kapitel erwähnte Satz von Poynting aus dem Jahre 1884.

Aus diesem Satz ergibt sich, dass für den Impuls p eines Lichtstrahles der Energie E gilt: $p = E/c$. Wobei c die Lichtgeschwindigkeit ist.

Der Impulserhaltungssatz angewandt auf den Vorgang der Lichtstrahlemission ergibt, dass der vom linken Körper K1 erhaltene Gegenimpuls gleich dem Impuls des Lichtstrahls sein muss:

$$(m - \Delta m)v = \frac{E}{c} \qquad (3.3)$$

Die Verwendung von Relation (3.1) in Gleichung (3.3) ergibt:

$$(m - \Delta m)\frac{\Delta l}{l}c = \frac{E}{c} \quad \Rightarrow \quad (m - \Delta m)\frac{\Delta l}{l} = \frac{E}{c^2} \qquad (3.4)$$

Und unter Berücksichtigung von Relation (3.2) erhalten wir dann:

$$\Delta m = \frac{E}{c^2}$$

Daraus lässt sich schlussfolgern:

- Die Emission eines Lichtstrahls mit der Energie E durch einen Körper bewirkt eine Abnahme der Masse des Körpers selbst, die gleich der Energie des Lichtstrahls dividiert durch das Quadrat der Lichtgeschwindigkeit ist.

- Die Absorption eines Lichtstrahls mit der Energie E durch einen Körper bewirkt eine Zunahme der Masse des Körpers selbst, die gleich der Energie des Lichtstrahls dividiert durch das Quadrat der Lichtgeschwindigkeit ist.

Angesichts der Einfachheit der soeben gemachten Demonstration stellt sich die Frage: Warum besteht man darauf, diese Formel auf komplizierte Weise herleiten zu wollen und dabei auf paradoxe Annahmen zurückzugreifen? Sind die einfachen Lösungen nicht auch die besten?

Eine weitere nicht-relativistische Herleitung des Äquivalenzprinzips von Energie und Masse stützt sich auf den Doppler-Effekt der elektromagnetischen Strahlung, so wie es in der Einleitung bereits erwähnt wurde.

Der Dopplereffekt wird in der „klassischen" Elektrodynamik behandelt und stellt für niedrige Geschwindigkeiten der emittierenden Lichtquelle keinen relativistischen Effekt dar.

Zur Einführung der Demonstration ist es notwendig, einige Eigenschaften der elektromagnetischen Strahlung zu erläutern.

Die Energie eines Lichtquantums, auch Photon genannt, ist gleich dem Produkt hf und der Impuls eines Photons ist durch den Quotienten $hf \,/\, c$ wiedergegeben. Wobei f ist die dem Photon zugeordnete Frequenz, h ist das Planck'sche Wirkungsquantum und c die Lichtgeschwindigkeit im Vakuum.

Daraus folgt, dass zwischen Energie E_f und Impuls p_f eines Photons folgende Beziehung besteht: $E_f = p_f c$.

Wir betrachten einen Körper der Masse m_1, der sich relativ zu einem Beobachter mit einer niedrigen Geschwindigkeit $v_1 \ll c$ bewegt.

Wir nehmen an, dass der Körper zu einem bestimmten Zeitpunkt zwei Photonen gleicher Frequenz aussendet: ein Photon in Richtung der Bewegung, das andere in die entgegengesetzte Richtung.

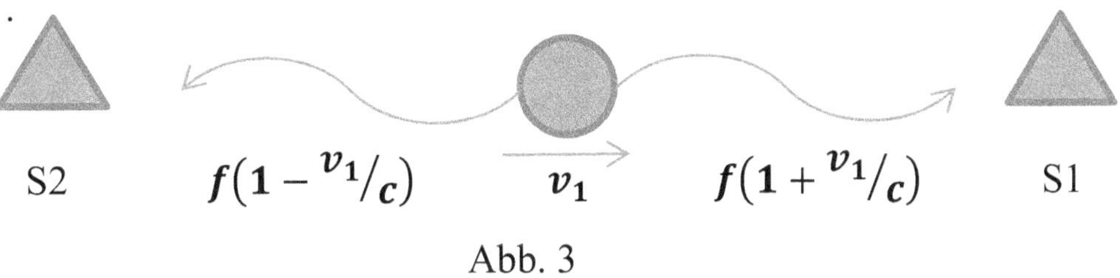

Abb. 3

Die vom Körper ausgestrahlte Energie ist dann: $E = 2hf.$

Nach Abb. 3 gilt ferner: Ein Spektrometer S1 wird wegen des optischen Dopplereffekts eine Frequenz $f\left(1 + {}^{v_1}/_c\right)$ für das Photon in Bewegungsrichtung messen. Ein Spektrometer S2 wird eine Frequenz $f\left(1 - {}^{v_1}/_c\right)$ für das in die entgegengesetzte Richtung entsandte Photon messen. Nach dem Impulserhaltungssatz ergibt sich, dass der Impuls des Körpers vor der Emission gleich der Summe der Impulse des Körpers und der zwei Photonen nach der Emission sein muss. Deswegen gilt aus der Sicht des Beobachters des Gesamtsystems[7]:

$$m_1 v_1 = m_2 v_2 + \frac{hf}{c}\left(1 + \frac{v_1}{c}\right) - \frac{hf}{c}\left(1 - \frac{v_1}{c}\right) \quad (3.5)$$

Hierbei ist der nach-links-gerichtete Impuls negativ. Daraus folgt:

$$m_1 v_1 - m_2 v_2 = 2\frac{hf v_1}{c^2} \quad (3.6)$$

m_2 und v_2 sind Masse und Geschwindigkeit des Körpers nach der Emission.

---

[7] Die Herleitung wird hier mit der Verwendung der modernen Relationen $f' = f(1 + {}^v/_c)$ und $f' = f(1 - {}^v/_c)$ für den optischen Doppler-Effekt geführt. Stattdessen lassen sich auch die Relationen des Doppler-Fizeau-Effekts aus dem Jahre 1848 benutzen. Damals unterschied Fizeau noch, in Anlehnung an den akustischen Doppler-Effekt, zwischen der Bewegung der Lichtquelle und des Empfängers. Er sah für die Annäherung, bzw. Entfernung der Quelle die Ausdrücke $f' = f/(1 - {}^v/_c)$ und $f' = f/(1 + {}^v/_c)$ vor. Mit der Verwendung dieser Relationen anstatt der oben erwähnten Ausdrücke muss Gleichung (3.5) so verändert werden:

$$m_1 v_1 = m_2 v_2 + \frac{hf}{c\left(1 - \frac{v_1}{c}\right)} - \frac{hf}{c\left(1 + \frac{v_1}{c}\right)}$$

Da diese Gleichung aus der klassischen Physik stammt, kann sie nur für $v_1 \ll c$ verwendet werden. Der Gültigkeitsbereich muss deswegen nur auf Werte von v_1 beschränkt werden, für welche resultiert, dass v_1^2/c^2 vernachlässigbar klein ist. Es folgt:

$$m_1 v_1 - m_2 v_2 = \frac{2hf v_1}{c^2\left(1 - \frac{v_1^2}{c^2}\right)}$$

Da in dieser letzten Relation v_1^2/c^2, ohne Wertverlust, gleich Null gesetzt werden kann, reduziert sie sich auf Relation (3.6). Somit ist bewiesen, dass die Herleitung des Äquivalenzprinzips E-M auch mit den Relationen für den Doppler-Effekt von Fizeau aus dem Jahr 1848 geführt werden kann.

Wegen der symmetrischen Aussendung (zwei gleiche Photonen in entgegengesetzte Richtungen) wird es nach der Emission keine Veränderung der Geschwindigkeit des Körpers geben. Also gilt: $v_1 = v_2$.

Die Masse des Körpers hingegen bleibt nicht unverändert, andernfalls wäre $m_1 v_1 - m_2 v_2 = 0$ und konsequenterweise auch der Term auf der rechten Seite von (3.6) gleich Null. Das könnte aber nur dann der Fall sein, wenn entgegen der Annahme zum Gedankenexperiment die Frequenz f oder die Geschwindigkeit v_1 gleich Null wären.

Daher ergibt sich, indem in (3.6) v_2 durch v_1 und $m_1 - m_2$ durch die Massenabnahme Δm ersetzt werden, folgende Gleichung:

$$\Delta m v_1 = 2\,\frac{hf v_1}{c^2}$$

Unter Berücksichtigung, dass $2hf$ die durch die Emission der Photonen abgestrahlte Energie ist, ergibt sich die Formel, die die Äquivalenz von Energie und Masse im speziellen Fall der elektromagnetischen Emission beschreibt:

$$\Delta m = \frac{E}{c^2} \quad \Leftrightarrow \quad E = \Delta m c^2 \qquad (3.7)$$

Das heißt:

Die abgestrahlte Energie eines Körpers ist gleich dem Produkt seiner Massenabnahme mit dem Quadrat der Lichtgeschwindigkeit.

Die alternativen Herleitungen von Einstein und des Physikers Fritz Rohrlich stützen sich auf den Impulserhaltungssatz und auf die Wechselwirkung zwischen Materie und elektromagnetischer Strahlung. Sie bestätigen, ohne den *Gebrauch vom mathematischen Formalismus der Relativitätstheorie* zu machen, das Äquivalenzprinzip von Energie und Masse im speziellen Fall der elektromagnetischen Emission.

4 Die Äquivalenz von Energie und Masse

Die Herleitungen des vorhergehenden Kapitels beschreiben einen wichtigen Aspekt der Umwandlung von Masse in Energie. Sie stellen trotzdem keinen vollständigen Beweis des Äquivalenzprinzips von Energie und Masse dar.

In der Tat, die Art und Weise wie die Relation (3.7) erhalten wurde, beweist zwar, dass sich bei der elektromagnetischen Emission ein Massenanteil eines Körpers in Energie umwandeln kann. Die Gleichung (3.7) beweist aber weder, dass die gesamte Masse eines Körpers sich in Energie umwandeln kann, noch dass eine Umwandlung in andere Energieformen als die elektromagnetische möglich ist.

Die Relation (3.7) bestätigt deshalb nicht die Äquivalenz von Energie und Masse im Allgemeinen.

Elektron-Positron-Annihilation

Ziel dieses Abschnitts ist es, diese Lücke zu füllen, indem die experimentelle Beobachtung der „Elektron-Positron-Annihilation" in Betracht gezogen wird.

Diese Naturerscheinung kann in besonderen Teilchenbeschleunigern, Speicherringe genannt, reproduziert werden.

Es handelt sich um die Reaktion, die durch den Zusammenstoß des Elektrons mit dem Positron, seinem Antiteilchen gleicher Masse und entgegengesetzter Ladung, auftreten kann:

$$e^- + e^+ \rightarrow 2\gamma$$

Infolge der Kollision kann sich für eine sehr kurze Zeit ein instabiles Teilchen bilden.

Durch den Zerfall dieses Teilchens können dann zwei Photonen erzeugt werden, die in entgegengesetzte Richtungen ausgestrahlt werden.

Abbildung 4 veranschaulicht die drei Phasen des gerade beschriebenen physikalischen Vorgangs:

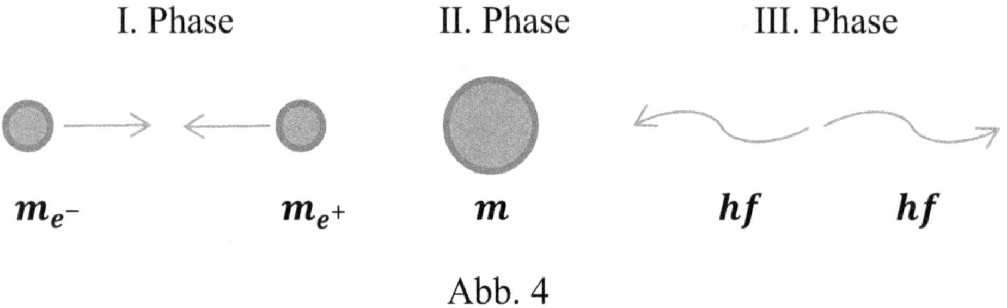

Abb. 4

Dieses Phänomen ist dem im dritten Kapitel beschriebenen Gedankenexperiment ähnlich. Der wesentliche Unterschied besteht jedoch darin, dass in diesem Fall nicht nur ein Teil, sondern sich die ganze Masse eines Teilchens in Energie umwandelt.

Wir nehmen jetzt einen Beobachter an, der sich relativ zu dem durch den Zusammenstoß von Elektron und Positron gebildeten Teilchen mit der Geschwindigkeit $v \ll c$ bewegt.

Wir nehmen außerdem an, dass die Bewegungsrichtung des Beobachters dieselbe, wie die eines der beiden Photonen ist.

Durch die Anwendung des Impulserhaltungssatzes vor und nach der Annihilation (Phasen II und III) lässt sich dann aus der Sicht des Beobachters, unter Berücksichtigung des optischen Dopplereffekts, folgende Gleichung aufstellen[8]:

$$mv = \frac{hf}{c}\left(1 + \frac{v}{c}\right) - \frac{hf}{c}\left(1 - \frac{v}{c}\right)$$

die sich wie folgt vereinfachen lässt:

---

[8] Auch hier können alternativ die Beziehungen des Doppler-Fizeau-Effekts verwendet werden. Siehe hierzu die Anmerkung am Ende des vorherigen Kapitels.

$$mv = 2\frac{hfv}{c^2}$$

Da $2hf$ der ausgestrahlten Energie E gleich ist, erhalten wir:

$$m = \frac{E}{c^2} \quad \Leftrightarrow \quad E = mc^2 \qquad (4.1)$$

Dabei ist zu bemerken, dass m jetzt in der Relation (4.1), anders als Δm in (3.7), nicht nur ein Massenanteil ist, sondern die gesamte Masse eines Teilchens darstellt, die sich ganz in Energie umgewandelt hat.

Daraus ergibt sich, dass wir jedem Körper der Masse m eine Energie zuordnen können, die durch (4.1) ausgedrückt wird.

Energieerhaltung bei der Massenumwandlung

Diese Erkenntnis gibt uns die Möglichkeit, folgende Energiebilanz der drei Phasen des soeben beschriebenen Experiments aufzustellen:

Wenn m_e die Masse des Elektrons darstellt, dann gilt nach (4.1) für seine innere Energie: $E_e = m_e c^2$.

- Für die erste Phase vor dem Zusammenstoß ergibt sich für das aus dem Elektron-Positron-Paar bestehende System eine Gesamtenergie gleich $2m_e c^2 + 2E_k$, wobei E_k die kinetische Energie eines einzelnen Elektrons darstellt.
- Wegen des Energieerhaltungssatzes, wird sich die gesamte Energie der ersten Phase in die innere Energie mc^2 des durch den Zusammenstoß gebildeten instabilen Teilchens umwandeln (Phase II).
- Nach der Kollision geht diese Energie schließlich in die elektromagnetische Energie der zwei emittierten Photonen über (Phase III).

Für die gesamte Energie des Systems in den drei beschriebenen Phasen lässt sich damit folgende Beziehung aufstellen:

$$E = 2m_e c^2 + 2E_k = mc^2 = 2hf \qquad (4.2)$$

Die Relation (4.2) bestätigt in einem besonders signifikanten Fall Umwandlungen zwischen Masse und kinetischer, als auch elektromagnetischer Energie.

Es ist zu bemerken, dass sowohl $m_e c^2$ als auch mc^2 nur die inneren Energien der Teilchen im Ruhezustand darstellen. Eine Relation der gesamten Energie eines Teilchens in Abhängigkeit von der Geschwindigkeit ist damit noch nicht hergeleitet worden.

Der physikalische Prozess „Paarbildung"

Zusätzlich soll darauf hingewiesen werden, dass zu dem gerade beschriebenen Phänomen der Annihilation auch der entgegengesetzte Vorgang der sogenannten Elektron-Positron-Paarbildung vorkommt. Demzufolge kommt es zur Bildung eines Elektrons und eines Positrons durch den Zerfall eines Photons mit einer Mindestenergie von 1,02 MeV.

Für höhere Energien wird eine Zunahme der kinetischen Energie der erzeugten Teilchen beobachtet. Das bestätigt die allgemeine Möglichkeit der Umwandlung der Energie zu Masse und umgekehrt der Masse zu Energie.

In diesem Abschnitt wurde die experimentelle Beobachtung "Annihilation Elektron-Positron" in Betracht gezogen. Durch diesen physikalischen Vorgang können die Auflösung der betroffenen Teilchen und die anschließende Emission zweier Photonen beobachtet werden. Die Analyse des Phänomens versetzt uns in die Lage, das Äquivalenzprinzip Energie-Masse im allgemeinen Fall nachzuweisen. Unter anderem wird der Übergang der kinetischen Energie in Masse, so wie die komplette Umwandlung der Masse eines Teilchens in Strahlungsenergie untersucht. Diese Ergebnisse ermöglichen es, einem Teilchen im Ruhezustand eine *innere Energie* entsprechend der Gleichung $E = mc^2$ zuzuweisen.

5 Geschwindigkeitsabhängigkeit der Masse[9]

In diesem Kapitel werden wir sehen, wie sich die Formel für die Geschwindigkeitsabhängigkeit der trägen Masse aus dem zweiten Prinzip der Dynamik in Verbindung mit dem Äquivalenzprinzip von Energie und Masse ableiten lässt.

Bevor wir dies demonstrieren, wollen wir eine begriffliche Erklärung für die Abhängigkeit der Masse von der Geschwindigkeit geben.

Bei Experimenten in Teilchenbeschleunigern zeigt sich ein Phänomen, das mit der Newtonschen Mechanik scheinbar nicht erklärbar ist:

Die Trägheit von Teilchen nimmt mit zunehmender Geschwindigkeit zu.

In diesem Kapitel werden wir sehen, dass dieses Phänomen eine Folge des Äquivalenzprinzips ($E = mc^2$) zwischen Masse und Energie ist.

Wir erinnern den Leser daran, dass das letztgenannte Prinzip in den vorangegangenen Kapiteln ohne Rückgriff auf relativistische Überlegungen nachgewiesen wurde.

Mit der Demonstration des Äquivalenzprinzips haben wir gezeigt, dass die Absorption von Strahlungsenergie durch einen physikalischen Körper von einer Zunahme der Masse des Körpers selbst begleitet wird.

Unter der Annahme, dass E die absorbierte Energie ist, ist die Zunahme der Masse gleich dem Quotienten E/c^2.

Auf der Grundlage des Erhaltungssatzes ist es logisch, diese Eigenschaft auf alle anderen Formen von Energie wie folgt zu erweitern:

Eine Absorption von Energie führt zu einer Zunahme der Masse eines physikalischen Systems gemäß der Masse-Energie-Äquivalenz $E = mc^2$.

---

[9] Folgende Herleitung ist von mir unabhängig von anderen Physikern in November 2016 ausgearbeitet worden. Erst nach der Herausgabe der ersten Auflage dieser Arbeit erfuhr ich von einem Leser, dass eine ähnliche Herleitung bereits 1961 von Professor Franz von Krbek in seinem Buch "Grundzüge der Mechanik" durchgeführt wurde.

Dies ist auch der Fall, wenn auf einen ungebundenen physikalischen Körper eine äußere Kraft einwirkt.

In diesem Fall kommt es nämlich zu einer Beschleunigung, die mit einer Zunahme der kinetischen Energie und folglich der Masse einhergeht.

Schematisch:

Zunahme der Geschwindigkeit→Zunahme der Energie→Zunahme der Masse

In quantitativer Hinsicht lässt sich dieses Konzept in die folgende Identität umsetzen:

Masse des Körpers in Bewegung = Masse des Körpers in Ruhe + Masse der kinetischen Energie des Körpers.

Daraus folgt:

Die Trägheit eines Körpers hängt von seiner kinetischen Energie ab

Eine Zunahme der Geschwindigkeit bewirkt also eine Zunahme der Masse des „Systems", das aus dem physikalischen Körper und seiner kinetischen Energie besteht.

Die Abhängigkeit der Masse von der Geschwindigkeit ist somit eine direkte Folge des Äquivalenzprinzips zwischen Masse und Energie.

Mit diesem Konzept weichen wir in dieser Arbeit von den herkömmlichen Demonstrationen der relativistischen Massenformel ab.

Die Interpretation von Lorentz und Einstein beruht nämlich auf der Kontraktion von Längen und ist daher schwer zu verstehen.

Eine Massenzunahme aufgrund einer Zunahme der kinetischen Energie ist dagegen intuitiv einleuchtend.

Damit ist auch eine direkte Verbindung zwischen Newtonscher und relativistischer Mechanik hergestellt.

Dies vorausgeschickt, können wir nun mit der Herleitung der relativistischen Massenformel fortfahren.

Nach dem Nachweis der Äquivalenz von Masse und Energie mit der klassischen Physik ist dies der zweite Nachweis von grundlegender Bedeutung für die Zwecke dieser Arbeit.

In der Tat erhalten wir mit der folgenden Herleitung der relativistischen Masse die erste Beziehung, die den Lorentz-Faktor enthält.

Damit betreten wir von der Newtonschen Mechanik aus den Anwendungsbereich der Relativitätstheorie, ohne das Postulat der Konstanz der Lichtgeschwindigkeit oder die Verwendung von Lorentz-Transformationen vorauszusetzen.

Andererseits ist die relativistische Massenformel die grundlegende Beziehung für den hier behandelten alternativen Weg.

Sie wird nämlich verwendet, um alle anderen Demonstrationen abzuleiten, einschließlich des theoretischen Nachweises der Konstanz der Lichtgeschwindigkeit.

Beschreibung der Demonstration

Wir nehmen an, dass auf einen Massepunkt eine konstante Kraft F einwirkt.

Im ersten Kapitel wurde gezeigt, dass, wenn der Weg in der gleichen Richtung der Kraft verläuft, die infinitesimale Arbeit der Kraft durch folgende Differentialgleichung ausgedrückt werden kann, die sich direkt aus dem zweiten Newtonschen Gesetz der Dynamik ableitet:

$$Fds = dE = mvdv + v^2dm \qquad (1.5)$$

In (1.5) stellt m ein Maß für die Trägheit des physikalischen Körpers dar. Physikalisch gesehen handelt es sich aber nicht nur um die Masse des Körpers, sondern - wie wir gesehen haben - um die Masse des gesamten „Systems", das aus dem Körper mit seiner kinetischen Energie besteht.

Die Relation (1.5) zeigt deswegen, dass eine Energiezufuhr im Allgemeinen nicht nur einen Zuwachs der Geschwindigkeit des Massepunktes hervorbringt ($\boldsymbol{mvdv}$), sondern auch eine Zunahme seiner Trägheit bewirkt ($\boldsymbol{v^2dm}$).

Wenn die Geschwindigkeit erheblich niedriger als die Lichtgeschwindigkeit ist, dann fällt für die Trägheit nur der Beitrag der Masse des Körpers ins Gewicht, da die kinetische Energie niedrig bleibt.

Bei hohen Geschwindigkeiten ist die Masse der kinetischen Energie nicht mehr vernachlässigbar. Diese wird bei Geschwindigkeiten nahe der des Lichtes vorherrschend und hemmt somit die Beschleunigung der Teilchen.

Wenn also angenommen wird, dass eine konstante elektrische Kraft auf eine fortschreitend zunehmende Masse einwirkt, dann sollte es nachvollziehbar sein, warum ein Teilchen nur auf eine bestimmte Geschwindigkeit und nicht weiter beschleunigt werden kann.

Es ist zu berücksichtigen, dass dieser letzte Punkt besonders wichtig für das intuitive Verständnis des Vorganges ist, der in diesem Kapitel zur Herleitung der ersten relativistischen Gleichung führen wird.

Im ersten Kapitel wurde erwähnt, dass die Gleichung (1.5) durch Integration nicht lösbar ist, es sei denn, man kennt eine weitere Beziehung zwischen Energie und Masse.

Die in den vorhergehenden Kapiteln 3 und 4 durchgeführten Herleitungen füllen diese Lücke, indem sie die fehlende Relation liefern, denn aus der Gleichung der Äquivalenz von Energie und Masse $\boldsymbol{E = \Delta mc^2}$ kann gefolgert werden, dass nicht nur Masse sich in Energie umwandeln kann, sondern auch, dass jede Energiezufuhr von einer Massenzunahme begleitet wird.

Trägheit der Energie

Mit anderen Worten: „*Masse ist Energie, und Energie besitzt Masse*"[10].

---

[10] Albert Einstein, Leopold Infeld – Die Evolution der Physik, Seite 267 – Weltbild Verlag

Hierauf gestützt, lässt sich feststellen, dass die Trägheit, die der zugeführten Energie dE in (1.5) zugeordnet werden kann, folgender Massenzunahme dm entspricht:

$$Fds = dE = c^2 dm \qquad (5.1)$$

Die Substitution von Fds durch $c^2 dm$ ermöglicht es, das Differenzial ds aus der Gleichung (1.5) zu eliminieren. Somit ergibt sich eine integrierbare Differentialgleichung nur als Funktion der Masse und der Geschwindigkeit:

$$c^2 dm = mvdv + v^2 dm \qquad (5.2)$$

Das Ergebnis der Integration von (5.2) ergibt die Relation der Abhängigkeit der Masse von der Geschwindigkeit.

Die Relation (5.2) kann auch wie folgt umgeschrieben werden:

$$\frac{dm}{m} = \frac{v}{c^2 - v^2} dv \qquad (5.3)$$

Wenn die zweite Seite der Gleichung (5.3) zwischen den Integrationsgrenzen 0 und dem unbestimmten Wert v der Geschwindigkeit integriert wird und mit m_0 die Masse bezeichnet wird, die der Geschwindigkeit Null entspricht (die sogenannte Ruhemasse), ergibt sich dann:

$$\int_{m_0}^{m} \frac{dm}{m} = \int_{0}^{v} \frac{v}{c^2 - v^2} dv = -\frac{1}{2} \int_{0}^{v} \frac{d(c^2 - v^2)}{c^2 - v^2} \qquad \Rightarrow$$

$$[ln(m)]_{m_0}^{m} = -\frac{1}{2}[\ln(c^2 - v^2)]_0^v \qquad \Rightarrow$$

$$ln\frac{m}{m_0} = \frac{1}{2}ln\frac{c^2}{c^2 - v^2} \qquad \Rightarrow$$

$$\frac{m}{m_0} = \sqrt{\frac{c^2}{c^2 - v^2}} \qquad \Rightarrow$$

$$m = \frac{m_0}{\sqrt{1 - \dfrac{v^2}{c^2}}} \qquad\qquad (5.4)$$

Die Relation (5.4) drückt die Abhängigkeit der Trägheit eines Körpers der Masse m_0 von der Geschwindigkeit aus.

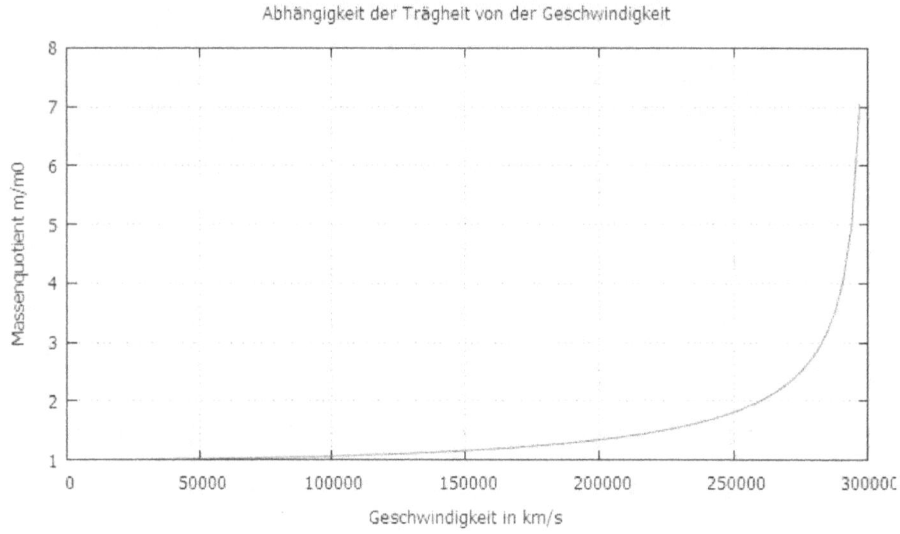

Abb. 5

Somit wird eines der wichtigsten Ergebnisse der Speziellen Relativitätstheorie bestätigt ohne Verwendung der Lorentz-Transformationen, welche die Grundlage der Einstein'schen Theorie darstellen.

In seinem Werk "Relativitätstheorie" erklärt Wolfgang Pauli:

"Dieser Ausdruck für die Abhängigkeit der Masse von der Geschwindigkeit wurde speziell für die Masse des Elektrons zum erstenmal von Lorentz abgeleitet, unter der Annahme, daß auch die Elektronen bei der Bewegung die Lorentz-Kontraktion erleiden."[11]

---

[11] Wolfgang Pauli – Relativitätstheorie, Seite 97 – Springer Verlag

Eines ist sicher: Mit der alternativen Herleitung der Abhängigkeit der Masse von der Geschwindigkeit haben wir das Anwendungsgebiet der klassischen Physik endgültig verlassen und sind in den Bereich der Relativitätstheorie eingetreten, zumal die betreffende Formel den Lorentz-Faktor enthält.

Bemerkenswert ist jedoch, dass in der vorliegenden Arbeit die Formel (5.4) von der klassischen Physik ausgehend und ohne die paradoxe Hypothese der Längenkontraktion hergeleitet wurde, wie es hingegen beim relativistischen Beweis auf der Grundlage der Lorentz-Transformation der Fall ist.

Wir haben also das wichtigste Ergebnis erzielt, ohne Postulate aufzustellen und ohne auf die paradoxen Prämissen der traditionellen Einsteinschen Interpretation zurückzugreifen.

Es wird im weiteren Verlauf dieser Arbeit öfter von der Beziehung (5.4) Gebrauch gemacht, um weitere relativistische Formeln abzuleiten.

So ist mit m_0 immer die invariante Masse (auch Ruhemasse genannt) eines Körpers bei Geschwindigkeit gleich Null gemeint. Mit m wird stattdessen die gesamte Masse bezeichnet, die einem Körper in Abhängigkeit von seiner Geschwindigkeit zugeordnet werden kann[12].

Von (5.4) ausgehend, wenn beide Seiten der Gleichung mit der Geschwindigkeit multipliziert werden, ergibt sich die Formel für den Impuls im allgemeinen Fall:

$$\vec{p} = \frac{m_0 \vec{v}}{\sqrt{1 - \dfrac{v^2}{c^2}}} \qquad (5.5)$$

---

[12] Es soll an dieser Stelle nochmal klargestellt werden: Zur Trägheit des Körpers tragen zwei Massenanteile bei: (i) zum einen die Masse m_0 des Körpers selbst, (ii) zum anderen die Masse, die der kinetischen Energie des Körpers zugeordnet werden kann. Die gesamte Masse m ist deren Summe und kann um mehrere Größenordnungen größer sein als die Masse m_0 des Körpers.

Aus der Relation (5.5) lässt sich in Übereinstimmung mit den experimentellen Beobachtungen erkennen, dass ein Körper die Lichtgeschwindigkeit weder überschreiten noch erreichen kann.

Die unmittelbare Folge dieser Schlussfolgerung ist die Unanwendbarkeit der Galilei-Transformation bei beliebigen Geschwindigkeiten, mit der Konsequenz, dass es im weiteren Verlauf dieser Abhandlung auf die Hilfe jeglicher Transformation verzichtet werden muss.

Ich möchte an dieser Stelle noch vorwegnehmen, dass sich beim Multiplizieren beider Seiten der Gleichung (5.4) mit dem Quadrat der Lichtgeschwindigkeit die Formel für die gesamte (d.h. innere + kinetische) Energie eines Körpers in Abhängigkeit von seiner Geschwindigkeit ergibt:

$$mc^2 = \frac{m_0 c^2}{\sqrt{1 - \dfrac{v^2}{c^2}}} \qquad (5.6)$$

Der Beweis dazu wird im nächsten Abschnitt erbracht.

Der in den Kapiteln 3 und 4 angeführte Beweis des Äquivalenzprinzips zwischen Energie und Masse ermöglicht es, der einem Körper übertragenen Energie ihre entsprechende Trägheit zuzuweisen. Man erhält somit die erforderliche Relation zur Lösung der Differentialgleichung aus dem zweiten Prinzip der Dynamik. Durch die Integration erhält man die Relation der Abhängigkeit der Trägheit eines Körpers von seiner Geschwindigkeit. Auf diese Weise wird eines der wichtigsten Ergebnisse der speziellen Relativitätstheorie bewiesen, ohne auf die Lorentz-Transformation zurückzugreifen und somit ohne die Längenkontraktion vorauszusetzen zu müssen.

6 Etablierte und alternative Ableitung der Relativität

In den vorangegangenen Kapiteln haben wir mit einer innovativen Methode die Äquivalenz zwischen Masse und Energie sowie die relativistische Massenformel hergeleitet.

Da dies auch die grundlegenden Beziehungen sind, die für die alternative Ableitung der Speziellen Relativitätstheorie verwendet werden, sollte man bereits jetzt eine konkrete Vorstellung von den Annahmen und Instrumenten haben, die in dieser Arbeit verwendet werden.

Bevor wir mit den Demonstrationen fortfahren, möchten wir daher die etablierte Methode von Einstein zur Ableitung der Theorie mit der hier vorgeschlagenen alternativen Methode vergleichen.

Dabei ist zu beachten, dass die beiden Methoden trotz unterschiedlicher Interpretationen zu den gleichen Ergebnissen führen.

Es folgen kurze Beschreibungen der beiden Methoden.

Etablierte Ableitungsmethode der Relativitätstheorie

Die etablierte Ableitungsmethode geht von dem Postulat der Konstanz der Lichtgeschwindigkeit aus. Dieser Grundsatz konnte zwar experimentell verifiziert, aber nicht theoretisch nachgewiesen werden, da er im Widerspruch zur klassischen Mechanik steht.

Physikalische Annahmen der etablierten Methode

Grundannahme ist die Erweiterung des Relativitätsprinzips, demzufolge die Lichtgeschwindigkeit für alle Inertialsysteme gleich ist. Dies bestätigt, dass es auch für den Transport der Information kein bevorzugtes Inertialsystem gibt.

Aufgrund der daraus folgenden Unvereinbarkeit mit der Galilei-Transformation, folgt die Unhaltbarkeit der Addition von Geschwindigkeiten aus der klassischen Kinematik.

So wird mit der Herleitung der Lorentz-Transformationen für Raum und Zeit eine neue Interpretation der Kinematik skizziert, mit folgenden Konsequenzen: Längenkontraktion, Zeitdilatation und andere paradoxe Annahmen.

Es wird erkannt, dass die Lorentz-Transformation im Gegensatz zur Galilei-Transformation auch mit den Maxwellschen Gesetzen des Elektromagnetismus übereinstimmt. Daraus wird das relativistische Theorem der Addition der Geschwindigkeiten abgeleitet.

Die relativistische Mechanik wird demzufolge auf der Grundlage der neuen Kinematik entwickelt.

In der relativistischen Kinematik ist die konstante Masse nicht mehr mit dem Impulserhaltungssatz vereinbar.

Aus dem Satz der Addition der Geschwindigkeiten wird die relativistische Massenformel abgeleitet, die bestätigt, dass die experimentell beobachtete Variation der Trägheit von Körpern eine Folge der Abhängigkeit ihrer Masse von der Geschwindigkeit ist.

Alle anderen relativistischen Beziehungen werden ebenfalls durch die Annahme der Lorentz-Transformation abgeleitet. Letztere stellt den Kern der etablierten Ableitungsmethode dar.

Konsequenzen der etablierten Interpretation

Raum und Zeit können nicht mehr als absolut betrachtet werden. Sie verlieren die Eigenschaft der Invarianz und müssen als abhängig von der Geschwindigkeit des Bezugssystems betrachtet werden.

Schlussfolgerung

Die etablierte Herleitungsmethode geht von Prämissen aus, die mit der klassischen Mechanik unvereinbar und teilweise paradox sind.

Es gibt keine direkte Verbindung zwischen klassischer und relativistischer Mechanik.

Die etablierte Ableitungsmethode der Relativitätstheorie hat in der Physik eine Revolution ausgelöst. In der Vergangenheit wurde sie von ihren Gegnern stark kritisiert und von ihren Befürwortern uneingeschränkt bewundert. Trotz ihrer Attraktivität ist sie nicht intuitiv und bleibt bis heute schwer verständlich.

Alternative Ableitungsmethode

Die hier vorgestellte alternative Ableitungsmethode geht von dem Äquivalenzprinzip zwischen Masse und Energie $E = mc^2$ aus, das aus den Gesetzen der klassischen Physik abgeleitet wird.

Das zweite Gesetz der Dynamik führt unter Verwendung des Masse-Energie-Äquivalenzprinzips zur Ableitung der relativistischen Massenformel.

Mit der Herleitung dieser ersten Formel, die den Lorentz-Faktor enthält, wird eine logische Verbindung zwischen der Newtonschen und der relativistischen Mechanik hergestellt.

Physikalische Annahmen der Alternativmethode

Mit diesem Verfahren lässt sich leicht erkennen, dass, bei hohen Geschwindigkeiten, die Änderung der Trägheit eines physikalischen Körpers auf die Zunahme der Masse seiner kinetischen Energie und nicht auf die Variabilität seiner eigenen Masse zurückzuführen ist.

Die relativistische Mechanik wird dann mit Hilfe der Äquivalenz von Masse und Energie und der relativistischen Massenformel unter Verwendung der Energie- und Impulserhaltungssätze weitergeführt.

Transformationen für Raum und Zeit werden nicht verwendet.

Auf diese Weise wird u.a. die relativistische Addition der Geschwindigkeiten nachgewiesen.

Aus dieser Formel lässt sich die Konstanz der Lichtgeschwindigkeit ableiten.

Damit ist diese nicht mehr als Postulat, sondern als theoretisch beweisbares physikalisches Prinzip zu betrachten.

Mit Hilfe des Energie- und Impulserhaltungssatzes wird auch die Relation der Längenkontraktion in Abhängigkeit von der Geschwindigkeit nachgewiesen.

Aus der letztgenannten Formel lassen sich dann die relativistischen Transformationen für Raum und Zeit ableiten, die mit denen identisch sind, die Lorentz aus den Gesetzen des Elektromagnetismus und Einstein mit der Hypothese der Konstanz der Lichtgeschwindigkeit gewonnen haben.

Konsequenzen der alternativen Methode

Die Folgen der alternativen Ableitungsmethode sind die gleichen wie die der etablierten Ableitungsmethode: Raum und Zeit können nicht mehr als absolut betrachtet werden. Sie verlieren die Eigenschaft der Invarianz und müssen als abhängig von der Geschwindigkeit des Bezugssystems betrachtet werden.

Bei der alternativen Ableitungsmethode stehen diese Konsequenzen jedoch nicht am Anfang, wie bei der Interpretation von Einstein und Lorentz, sondern am Ende der Reihe von Demonstrationen der Theorie.

Schlussfolgerung

Die alternative Ableitungsmethode der Relativitätstheorie kommt zu denselben Ergebnissen wie die etablierte Ableitungsmethode, ohne Postulate oder paradoxe Prämissen zu verwenden.

Sie basiert auf dem Prinzip der Masse-Energie-Äquivalenz, das aus der klassischen Physik abgeleitet werden kann.

Es wird gezeigt, dass eine direkte Verbindung zwischen klassischer und relativistischer Mechanik besteht.

Die hier beschriebene alternative Herleitungsmethode ist intuitiv und leicht verständlich.

7 Die Berechnung der kinetischen und der gesamten Energie

In diesem Kapitel werden wir sehen, wie die relativistische Formel für die kinetische und die Gesamtenergie aus dem zweiten Prinzip der Dynamik in Verbindung mit dem Prinzip der Äquivalenz von Energie und Masse abgeleitet werden kann.

Bevor wir dies demonstrieren, wollen wir eine begriffliche Erklärung des Endergebnisses geben.

Heuristische Erklärung der Herleitung

Aus dem Prinzip der Äquivalenz von Masse und Energie folgt, dass die einer Masse m_0 entsprechende Energie gleich $m_0 c^2$ ist.

Bei der Demonstration des obigen Prinzips wurde angenommen, dass m_0 die Ruhemasse ist.

Diese Bedingung ist jedoch nicht notwendig. Dies impliziert die Möglichkeit, die Masse-Energie-Äquivalenz auch auf bewegte Massen auszudehnen.

Im allgemeinsten Fall können wir behaupten, dass das Äquivalenzprinzip durch die folgende Beziehung ausgedrückt werden kann:

$$E = \frac{m_0 c^2}{\sqrt{1 - \dfrac{v^2}{c^2}}} \qquad (7.0)$$

Die man erhält, indem die ruhende Masse durch den entsprechenden Term einer bewegten Masse in Abhängigkeit von der Geschwindigkeit ersetzt wird (siehe Kap. 5).

Im letzteren Fall drückt die Beziehung (7.0) die Gesamtenergie eines bewegten Körpers aus.

Da es sich um einen ungebundenen Körper handelt, muss seine Gesamtenergie zwangsläufig nur der Summe seiner kinetischen und ruhenden Energie entsprechen:

$$\frac{m_0 c^2}{\sqrt{1 - \dfrac{v^2}{c^2}}} = E_k + m_0 c^2 \qquad (7.5)$$

Daraus ergibt sich für die kinetische Energie folgende Beziehung:

$$E_c = \frac{m_0 c^2}{\sqrt{1 - \dfrac{v^2}{c^2}}} - m_0 c^2 \qquad (7.4)$$

Wir wollen nun sehen, wie das zweite Newtonsche Gesetz der Dynamik uns einen strengen Beweis derselben Beziehung zwischen der kinetischen und der Gesamtenergie des physikalischen Körpers liefern kann.

Nachweis mit dem Newtonschen Gesetz

Das zweite Prinzip der Dynamik ermöglicht in Verbindung mit der Beziehung $E=mc^2$ und der relativistischen Massenformel eine alternative Ableitung der relativistischen Energie des physikalischen Körpers.

Da sowohl das Äquivalenzprinzip zwischen Energie und Masse $E=mc^2$ als auch die Formel für die Masse als Funktion der Geschwindigkeit ohne die Hilfe relativistischer Axiome bewiesen wurden, stellt diese Herleitung der relativistischen Energie das dritte Glied in der Kette von Beweisen dar, die, ausgehend von der klassischen Physik, auf einem einfachen und leicht zugänglichen alternativen Weg zur Speziellen Relativitätstheorie führt.

Die hier abgeleitete relativistische Energieformel wird später zusammen mit der des Impulses verwendet, um alle anderen Formeln der Speziellen Relativitätstheorie zu beweisen, einschließlich der Formel für die relativistische Zusammensetzung der Geschwindigkeiten.

Die letztgenannte Beziehung ermöglicht es also, die Konstanz der Lichtgeschwindigkeit theoretisch nachzuweisen.

Mit Hilfe der Definition der Arbeit in der Mechanik kann die kinetische Energie berechnet werden, die einem ungebundenen starren Körper durch eine auf ihn einwirkende Kraft zugeführt wird.

Im Rahmen der klassischen Mechanik, geht man gewöhnlich wie folgt vor:

Angenommen die Masse ist konstant, so lässt sich die Differentialgleichung (1.2) verwenden.

Wie im ersten Kapitel gesehen, ist (1.2) eine direkte Folge der Gleichung (1.1):

$$\vec{F} = m_0 \vec{a} \quad \Leftrightarrow \quad \vec{F} = m_0 \frac{d\vec{v}}{dt} \qquad (1.1)$$

Demzufolge gilt für die Zuführung der kinetischen Energie durch das infinitesimale Element der Arbeit $\boldsymbol{Fds}$[13]:

$$dE_k = Fds = m_0 v dv \qquad (1.2)$$

Wenn die Differentialgleichung (1.2) für eine Anfangsgeschwindigkeit gleich Null integriert wird, ergibt sich der Ausdruck der kinetischen Energie:

$$E_k = m_0 \int_0^v v\,dv = \frac{1}{2} m_0 v^2 \qquad (v \ll c) \qquad (7.1)$$

Da sie aus der Gleichung (1.1) abgeleitet wurde, beschreibt die Relation (7.1) die kinetische Energie einer Punktmasse $\boldsymbol{m_0}$ nur für Geschwindigkeiten, die erheblich niedriger als die des Lichtes sind, bei denen die Trägheit des Körpers so gut wie unverändert bleibt.

---

[13] Wie bereits erwähnt, wird auch hier angenommen, dass das infinitesimale Wegstreckenelement ds in die gleiche Richtung der Kraft F verläuft.

Im allgemeineren Fall, d.h. auch für Geschwindigkeiten nahe der Lichtgeschwindigkeit, ist es stattdessen erforderlich, folgende Relation zu verwenden...

$$dE_k = Fds = v^2 dm + mvdv \qquad (1.5)$$

... in Übereinstimmung mit dem, was im ersten Kapitel dargelegt wurde[14].

Wenn die zwei im fünften Kapitel berücksichtigten Beziehungen für die Masse angewendet werden, ...

$$Fds = dE_k = c^2 dm \qquad (5.1)$$

$$m = \frac{m_0}{\sqrt{1 - \dfrac{v^2}{c^2}}} \qquad (5.4)$$

... dann lässt sich feststellen, dass per Substitution die von der Geschwindigkeit abhängige Masse m aus der Differentialgleichung (1.5) eliminiert werden kann.

Damit ergibt sich die erforderliche Beziehung, um die Differentialgleichung (1.5) zu lösen.

Aus (5.1) folgt:

$$dm = \frac{dE_k}{c^2} \qquad (7.2)$$

Nach der Substitution von (5.4) und (7.2) in (1.5) ergibt sich folgende Relation zwischen zugeführter mechanischer Energie und Geschwindigkeit:

---

[14] Es ist zu berücksichtigen, dass an dieser Stelle, so wie auch im weiteren Verlauf dieser Arbeit, immer ungebundene starre Körper betrachtet werden, die keine potentielle Energie besitzen. Die hier betrachteten Körper können deshalb den subatomaren Teilchen angeglichen werden. Es ist deswegen offenkundig, dass die infinitesimale Arbeit in der Differentialgleichung (1.5) ganz in die kinetische Energie der Punktmasse übergeht.

$$dE_k = v^2 \frac{dE_k}{c^2} + \frac{m_0}{\sqrt{1 - \frac{v^2}{c^2}}} v\,dv \qquad \Rightarrow$$

$$\left(1 - \frac{v^2}{c^2}\right) dE_k = \frac{m_0 v}{\sqrt{1 - \frac{v^2}{c^2}}} dv \qquad \Rightarrow$$

$$dE_k = \frac{m_0 v}{\left(1 - \frac{v^2}{c^2}\right)^{\frac{3}{2}}} dv \qquad (7.3)$$

Wenn die Gleichungen (1.2) und (7.3) miteinander verglichen werden, lässt sich feststellen, dass in beiden Relationen das Differenzial der kinetischen Energie dE_k nur in Abhängigkeit von der invarianten Masse m_0 und der Geschwindigkeit v angegeben wird.

Allein die Relation (7.3) jedoch stellt den allgemein gültigen Ausdruck zur Berechnung der kinetischen Energie bei beliebigen Geschwindigkeiten dar.

Es ist leicht zu zeigen, dass sich (7.3) für $v << c$ auf (1.2) reduzieren lässt.

So wie die Gleichung (1.2) durch Integration die kinetische Energie einer konstanten Punktmasse m_0 bei niedrigen Geschwindigkeiten liefert, führt die Integration der Differentialgleichung (7.3) zur Berechnung der kinetischen Energie für die allgemeine Anwendung bei beliebigen Geschwindigkeiten.

Zur Berechnung der kinetischen Energie wird analog zu (1.2) die Differentialgleichung (7.3) zwischen den Integrationsgrenzen 0 und v integriert:

$$E_k = m_0 \int_0^v \left(1 - \frac{v^2}{c^2}\right)^{-\frac{3}{2}} v\,dv \qquad \Rightarrow$$

$$E_k = -\frac{1}{2} m_0 c^2 \int_0^v \left(1 - \frac{v^2}{c^2}\right)^{-\frac{3}{2}} d\left(1 - \frac{v^2}{c^2}\right) \qquad \Rightarrow$$

$$E_k = -\frac{1}{2} m_0 c^2 \left[\frac{\left(1 - \dfrac{v^2}{c^2}\right)^{-\frac{1}{2}}}{-\dfrac{1}{2}} \right]_0^v \qquad \Rightarrow$$

$$E_k = m_0 c^2 \left(\frac{1}{\sqrt{1 - \dfrac{v^2}{c^2}}} - 1 \right) \qquad \Rightarrow$$

$$E_k = \frac{m_0 c^2}{\sqrt{1 - \dfrac{v^2}{c^2}}} - m_0 c^2 \qquad\qquad (7.4)$$

Die Beziehung (7.4) stellt den Ausdruck der kinetischen Energie eines Körpers in Abhängigkeit von seiner Masse und Geschwindigkeit dar.

Sie stimmt mit der Formel für die kinetische Energie überein, die mit der etablierten Methode von Einstein auf der Grundlage der Lorentz-Transformation abgeleitet wurde.

Wenn wir die rechte Seite von (7.4) durch c^2 dividieren, erhalten wir die mit der kinetischen Energie verbundene Masse: $m_k = m_0/\sqrt{1 - v^2/c^2} - m_0$. Dies ist die Masse, die die Teilchenbeschleunigung bei hohen Geschwindigkeiten hemmt (siehe Kapitel 5).

Mittels der Reihenentwicklung von Taylor und auch durch folgendes algebraisches Verfahren kann gezeigt werden, dass sich die Relation (7.4) für $v \ll c$ auf die Gleichung (7.1) reduziert:

Für Geschwindigkeiten, die erheblich niedriger als die des Lichtes sind, ist der Quotient $v^4/4c^4$ im Vergleich zum Term v^2/c^2 vernachlässigbar. Deswegen kann dieser Quotient zum Radikand der Gleichung (7.4) ohne Wertveränderung addiert werden:

$$E_k = \frac{m_0 c^2}{\sqrt{1 - \dfrac{v^2}{c^2} + \dfrac{v^4}{4c^4}}} - m_0 c^2 \qquad \Rightarrow$$

Da der Nenner nun die Wurzel des Quadrats eines Binoms ist, gilt:

$$E_k = \frac{m_0 c^2}{1 - \dfrac{v^2}{2c^2}} - m_0 c^2 \qquad \Rightarrow$$

$$E_k = \frac{\cancel{m_0 c^2} - \cancel{m_0 c^2} + \dfrac{1}{2} m_0 v^2}{1 - \dfrac{v^2}{2c^2}}$$

Diese Gleichung reduziert sich dann auf (7.1) für $v << c$.

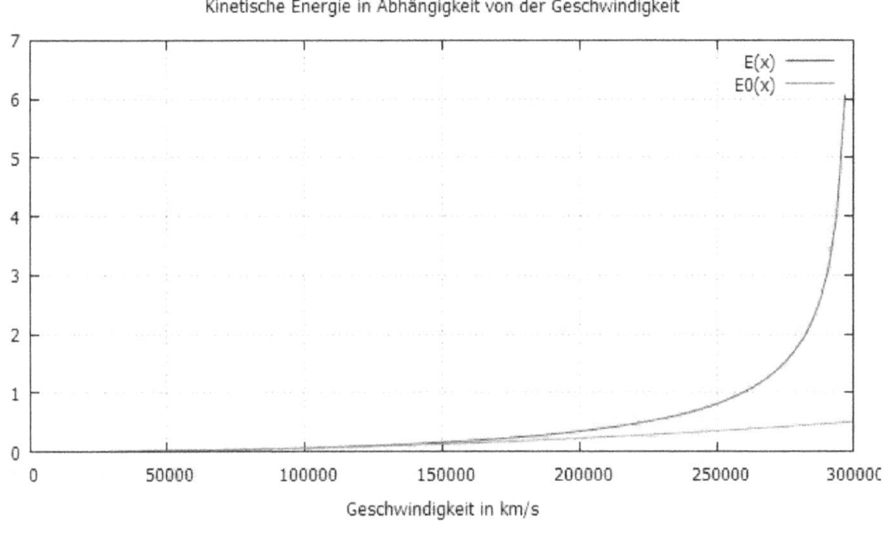

Abb. 6

63

In Abbildung 6 werden die Verläufe der kinetischen Energie aus den Gleichungen (7.1) (grüne Kurve) und (7.4) (violette Kurve) verglichen.

Man kann feststellen, dass für niedrige Geschwindigkeiten die zwei Kurven tatsächlich übereinstimmen.

Die Kurven weichen aber immer mehr voneinander ab, wenn sich die Geschwindigkeiten der Lichtgeschwindigkeit nähern.

Unter Berücksichtigung der Relation (5.4), kann die Formel (7.4) auch folgendermaßen geschrieben werden:

$$mc^2 = \frac{m_0 c^2}{\sqrt{1 - \dfrac{v^2}{c^2}}} = E_k + m_0 c^2 \qquad (7.5)$$

Durch die Beziehung (7.5) kommen wir zum folgenden wichtigen Ergebnis:

Da die rechte Seite der Formel (7.5) gleich der Summe aus kinetischer und innerer Energie ist, lässt sich daraus schließen, dass mc^2 bzw. $m_0 c^2/\sqrt{1 - v^2/c^2}$ die gesamte Energie der Punktmasse m_0 in Abhängigkeit von der Geschwindigkeit darstellt.

Dies bestätigt das, was im vorhergehenden Abschnitt durch die Gleichung (5.6) zwar vorweggenommen, aber noch nicht bewiesen wurde.

> Die in den Kapiteln 5 und 6 abgeleiteten Relationen der Arbeit und der Masse in Abhängigkeit von der Geschwindigkeit ermöglichen durch Substitution, die geschwindigkeitsabhängige Masse aus der Differentialgleichung der Arbeit zu eliminieren. Die darauffolgende Integration liefert dann als Endergebnis den Ausdruck der kinetischen und, gleichzeitig, der gesamten Energie eines Massepunkts in Abhängigkeit von seiner Geschwindigkeit. Auch diese Gleichungen stimmen mit den relativistischen Formeln überein.

8 Das relativistische E-p-m Dreieck

Das relativistische E-p-m Dreieck veranschaulicht auf sehr übersichtliche Weise die Beziehungen, die zwischen Energie, Impuls und Masse der Körper bei hohen Geschwindigkeiten bestehen.

In den vorhergehenden Abschnitten haben wir gesehen, dass in vielen Formeln der Kehrwert $\sqrt{1 - v^2/c^2}$ des sogenannten Lorentzfaktors vorkommt.

Dieser Term erinnert an den Lehrsatz des Pythagoras. Nach diesem gilt: Wenn in einem rechtwinkligen Dreieck die Hypotenuse gleich 1 und eine Kathete gleich $\sqrt{1 - v^2/c^2}$ ist, dann ist die zweite Kathete gleich v/c, so wie es in Abbildung 7 gezeigt wird.

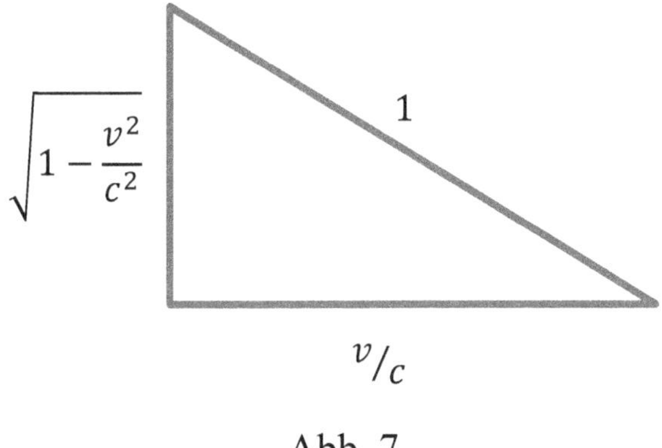

Abb. 7

Wenn nun alle Seiten des Dreiecks mit der gesamten Energie mc^2 eines Körpers multipliziert werden, erhält man unter Berücksichtigung der Relation (5.4) folgende Ergebnisse:

I. Kathete $= mc^2\sqrt{1 - v^2/c^2} = m_0c^2$

II. Kathete $= mvc$

Hypotenuse $= \boldsymbol{mc^2}$

So ergibt sich das sogenannte relativistische E-p-m Dreieck, das in Abbildung 8 gezeigt wird:

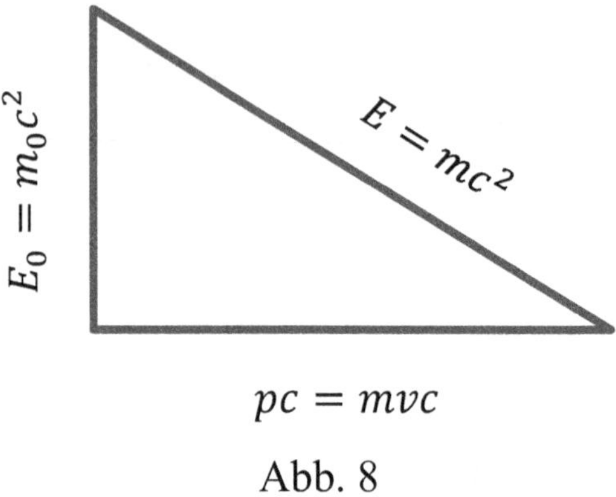

Abb. 8

Die folgenden Erkenntnisse über kinetische Energie, Gesamtenergie, Impuls und Masse lassen sich aus dem relativistischen Dreieck ableiten.

Kinetische Energie

Im vorhergehenden Kapitel wurde gezeigt, dass die relativistische kinetische Energie durch folgende Beziehung gegeben ist:

$$E_c = \frac{m_0 c^2}{\sqrt{1 - \dfrac{v^2}{c^2}}} - m_0 c^2 \qquad (7.4)$$

Oder, wenn man mit $\boldsymbol{m}$ die relativistische Masse angibt:

$$E_c = mc^2 - m_0 c^2$$

Diese Beziehung lässt sich geometrisch durch die Differenz zwischen der Hypotenuse und der vertikalen Kathete des in Abbildung 8 dargestellten relativistischen Dreiecks veranschaulichen.

Allgemein lässt sich feststellen, dass die kinetische Energie umso geringer ist, je länger die vertikale Kathete ist, und umgekehrt.

Wenn der Lehrsatz des Pythagoras auf das Dreieck in Abbildung 8 angewandt wird, dann lassen sich für die gesamte Energie E und den Impuls p folgende Beziehungen ableiten:

$$E = mc^2 = c\sqrt{p^2 + m_0^2 c^2} \qquad (8.1)$$

$$p = \sqrt{\frac{E^2}{c^2} - m_0^2 c^2} \qquad (8.2)$$

Durch die Relation (8.1) wird ersichtlich, dass, wenn der Impuls gleich Null ist, sich die gesamte Energie auf den Wert $m_0 c^2$ reduziert. Dieser Wert entspricht der inneren Energie einer Punktmasse m_0.

Die Gleichung (8.2) zeigt, dass es physikalische Objekte mit der invarianten Masse m_0 gleich Null geben kann. In diesem Fall erhält der Impuls den Wert: $p = E / c$, gültig für Lichtquanten[15].

Die Gleichung (8.2) zeigt aber auch, dass es keine physikalischen Objekte mit Energie gleich Null geben kann, andernfalls bekäme der Impuls einen imaginären, d.h. nicht zulässigen Wert.

---

[15] An dieser Stelle ist es interessant festzustellen, dass hier die Beziehung des Impulses der elektromagnetischen Strahlung wieder auftaucht, die wir verwendet haben, um das Prinzip der Äquivalenz zwischen Masse und Energie E = mc² zu demonstrieren und von der die alternative Demonstrationsmethode der Relativitätstheorie initiiert wurde.

Aus dem relativistischen E-p-m Dreieck lässt sich auch noch eine weitere Erkenntnis gewinnen:

Wenn die invariante Masse m_0 eines Teilchens gleich Null ist, dann folgt als Konsequenz, dass die senkrechte Kathete gleich Null ist und die waagerechte Kathete des Dreiecks der Hypotenuse gleich wird.

Daraus folgt:

$$mvc = mc^2 \quad \Rightarrow \quad v = c$$

Das bedeutet, dass sich masselose physikalische Objekte zwangsläufig mit Lichtgeschwindigkeit bewegen.

Beispiele von Elementarteilchen, die sich mit Lichtgeschwindigkeit ausbreiten, sind die Austauschteilchen der elektromagnetischen und der gravitationalen Wechselwirkung. Das heißt: die Photonen und die Gravitonen.

Im Rahmen der quantenchromodynamischen Theorie wird angenommen, dass sich die Austauschteilchen der starken Wechselwirkung, Gluonen genannt, ebenfalls mit Lichtgeschwindigkeit fortbewegen.

Die Ergebnisse der vorhergehenden Abschnitte können durch die geometrische Darstellung des sogenannten relativistischen E-p-m Dreiecks zusammengefasst werden. Dieses Dreieck veranschaulicht auf sehr übersichtliche Weise die Beziehungen, die zwischen Energie, Impuls und Masse bestehen.

9 Geschwindigkeitsaddition kollidierender Elektronen

In diesem Kapitel wird die relativistische Addition der Geschwindigkeiten anhand eines Gedankenexperiments abgeleitet, das auf dem unelastischen Zusammenstoß zweier Elektronen beruht.

Zwei Beobachter O_e und O_L in relativer Bewegung untersuchen das Geschehen unabhängig voneinander. Beide verwenden für ihre Berechnungen den Energieerhaltungssatz. Danach gleichen sie ihre Ergebnisse über die Ruhemasse m_0 des gebildeten Teilchens, die für beide invariant ist, ab.

Somit wird aus zwei Gleichungen eine einzige Relation gebildet, welche die Relativgeschwindigkeit zwischen den Elektronen in Abhängigkeit von den Geschwindigkeiten der einzelnen Elektronen wiedergibt.

Mit dieser Methode werden wir nun das relativistische Additionstheorem in dem besonderen Fall von gleichen Geschwindigkeiten wie folgt herleiten.

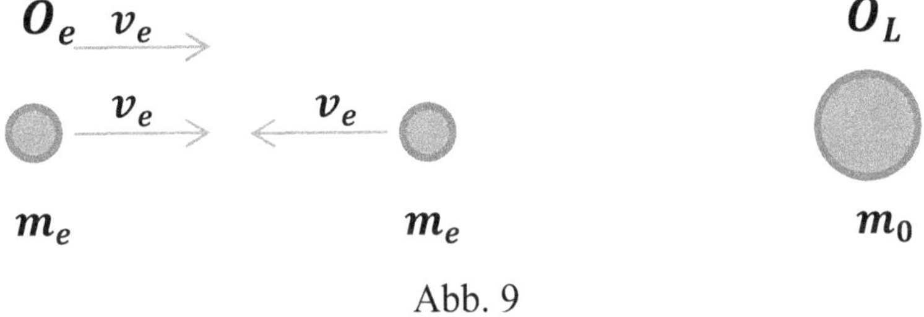

Abb. 9

Wir stellen uns den zentralen Stoß zwischen zwei ungleichnamig geladenen Elektronen (Elektron und Positron) vor, die sich mit gleichen Geschwindigkeiten v_e aufeinander zubewegen.[16] Dabei wird angenommen, dass der durch die elektromagnetische Wechselwirkung zwischen den Elektronen verursachte Energieverlust, wegen der hohen Geschwindigkeiten vernachlässigt werden kann.

---

[16] Ein solches Experiment wurde bereits in den sechziger Jahren in Teilchenbeschleunigern, sogenannten Speicherringen, durchgeführt und unzählige Male wiederholt.

Nehmen wir an, dass sich als Folge des Zusammenstoßes ein neues Teilchen mit der Masse m_0 bildet. Dieses befindet sich aus der Sicht des Beobachters O_L im Ruhezustand (siehe Abb. 9).

Angenommen der Beobachter O_L kennt die Geschwindigkeiten v_e der Elektronen unmittelbar vor dem Zusammenstoß, dann wird er die Masse des erzeugten Teilchens durch folgende Gleichung berechnen können, welche die Energieerhaltung vor und nach der Kollision beschreibt:

$$m_e c^2 + m_e c^2 = m_0 c^2 \qquad (9.1)$$

Dabei ist m_e die Masse des bewegten Elektrons in Abhängigkeit von der Geschwindigkeit v_e.

Das heißt: Die Energie $m_0 c^2$ des erzeugten Teilchens ist gleich der Summe der gesamten Energien der kollidierenden Elektronen.

Unter Verwendung der Relation (5.4) ergibt sich aus Gleichung (9.1):

$$m_0 = \frac{2 m_{0e}}{\sqrt{1 - \dfrac{v_e^2}{c^2}}} \qquad (9.2)$$

Wobei m_0 und m_{0e} die invarianten Massen des gebildeten Teilchens und des Elektrons darstellen.

Der Beobachter O_L ist also in der Lage, die Masse des erzeugten Teilchens zu berechnen und kennt auch die Geschwindigkeiten der kollidierenden Elektronen. Er wird trotzdem nicht feststellen können, dass die relative Geschwindigkeit v_{ee} zwischen den Elektronen gleich der Summe ihrer Geschwindigkeiten $v_e + v_e$ ist, so wie es nur für niedrige Geschwindigkeiten aus der Galilei-Transformation hervorgeht, denn das wäre nicht im Einklang mit den Erhaltungssätzen der Energie und des Impulses.

Zur Berechnung der Relativgeschwindigkeit v_{ee} zwischen den Elektronen ist es notwendig, das gleiche Gedankenexperiment aus der Sicht eines zweiten Beobachters O_e zu betrachten, der sich im Ruhezustand zu einem der Elektronen befindet.

Für O_e ergibt sich vor dem Zusammenstoß folgende Gesamtenergie E_1:

$$E_1 = m_{0e}c^2 + m_{ee}c^2 = m_{0e}c^2 + \frac{m_{0e}c^2}{\sqrt{1 - \frac{v_{ee}^2}{c^2}}} \qquad (9.3)$$

Dabei ist m_{ee} die Masse des bewegten Elektrons in Abhängigkeit von der Geschwindigkeit v_{ee}.

Das heißt, die von O_e gemessene Energie ist gleich der Summe aus der Energie des im Ruhezustand befindlichen Elektrons und der Energie des anderen Elektrons, das der Beobachter O_e auf sich mit der Geschwindigkeit v_{ee} zukommen sieht.

Nach dem Zusammenstoß wird Beobachter O_e, der sich weiterhin mit der Geschwindigkeit v_e zum gebildeten Teilchen bewegt, dessen Energie E_2 durch folgende Relation berechnen:

$$E_2 = \frac{m_0 c^2}{\sqrt{1 - \frac{v_e^2}{c^2}}} \qquad (9.4)$$

Indem in der Gleichung (9.4) die invariante Masse m_0 durch den Ausdruck (9.2) ersetzt und, gemäß dem Energieerhaltungssatz, $E_1 = E_2$ gesetzt wird, ergibt sich:

$$m_{0e}c^2 + \frac{m_{0e}c^2}{\sqrt{1 - \frac{v_{ee}^2}{c^2}}} = \frac{2m_{0e}c^2}{1 - \frac{v_e^2}{c^2}} \qquad (9.5)$$

Die Gleichung (9.5) kann noch vereinfacht werden, indem alle Terme durch $m_{0e}c^2$ dividiert werden:

$$\frac{1}{\sqrt{1-\dfrac{v_{ee}^2}{c^2}}} = \frac{2}{1-\dfrac{v_e^2}{c^2}} - 1 \qquad \Rightarrow$$

$$\sqrt{1-\frac{v_{ee}^2}{c^2}} = \frac{1-\dfrac{v_e^2}{c^2}}{1+\dfrac{v_e^2}{c^2}}$$

Aus diesem letzten Ausdruck ergibt sich schließlich nach einfachen algebraischen Umformungen folgende Relation:

$$v_{ee} = \frac{2v_e}{1+\dfrac{v_e^2}{c^2}} \qquad (9.6)$$

Gleichung (9.6) stellt die Relativgeschwindigkeit zwischen zwei Teilchen dar, die sich mit gleichen Geschwindigkeiten aufeinander zubewegen und drückt somit die relativistische Addition für gleiche Geschwindigkeiten aus.

Nachweis mit Hilfe des Impulserhaltungssatzes

Zum gleichen Ergebnis gelangt man auch, wenn statt des Erhaltungssatzes der Energie der Impulserhaltungssatz verwendet wird.

In diesem Fall ergibt sich für den Impuls vor und nach der Kollision aus Sicht des Beobachters O_e:

$$m_{ee}v_{ee} = \frac{m_0 v_e}{\sqrt{1-\dfrac{v_e^2}{c^2}}}$$

Dabei ist m_{ee} die Masse des bewegten Elektrons in Abhängigkeit von der Geschwindigkeit v_{ee}.

Und unter Verwendung von (5.4) und (9.2):

$$\frac{m_{0e} v_{ee}}{\sqrt{1 - \dfrac{v_{ee}^2}{c^2}}} = \frac{2 m_{0e} v_e}{1 - \dfrac{v_e^2}{c^2}}$$

Diese letzte Gleichung nach v_{ee} aufgelöst ergibt dann die Relation (9.6) (Für Details siehe A III im Anhang).

Ich möchte an dieser Stelle ausdrücklich betonen, dass die Relation (9.6) durch die einfache Verwendung des Energieerhaltungssatzes und ohne den Gebrauch der Axiome der Speziellen Relativitätstheorie hergeleitet wurde.

Die Relation (9.6) zeigt, dass sich die relative Geschwindigkeit bei niedrigen Geschwindigkeiten (z.B. im Fall zweier Züge), also wenn der Term $\dfrac{v_e^2}{c^2}$ vernachlässigbar ist, tatsächlich als Summe der Geschwindigkeiten mit guter Genauigkeit ergibt (grüne Kurve in Abbildung 10).

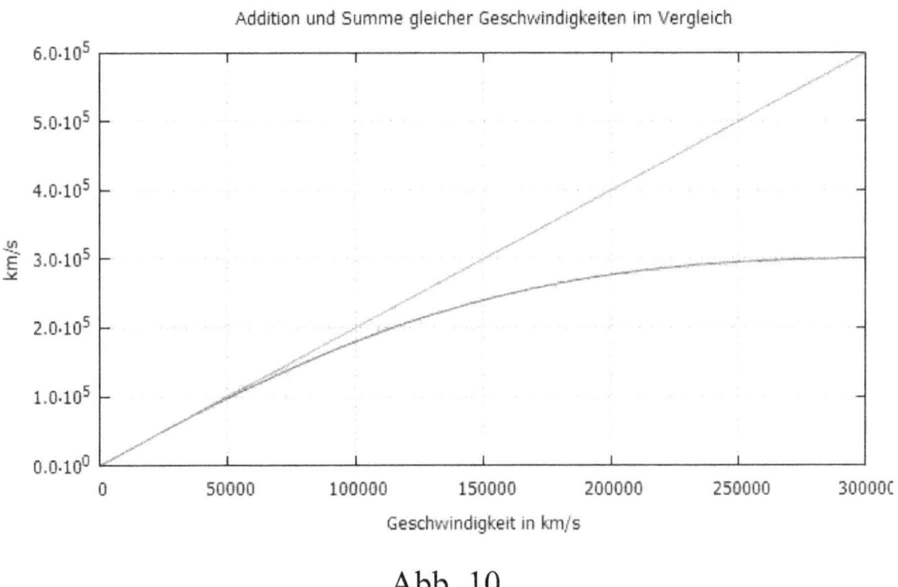

Abb. 10

Aus der Relation (9.6) lässt sich jedoch im Allgemeinen folgende Schlussfolgerung ziehen:

Geschwindigkeiten können nicht algebraisch addiert werden.

73

Für die Addition gleicher Geschwindigkeiten kann die Relation (9.6) verwendet werden, die, anders als die einfache algebraische Addition, im Einklang mit den Erhaltungssätzen steht (violette Kurve).

Es ist leicht zu zeigen, dass, gemäß der Beziehung (9.6), die relative Geschwindigkeit v_{ee} zwischen zwei Teilchen die Lichtgeschwindigkeit zwar erreichen, aber nicht überschreiten kann.

Die relative Geschwindigkeit v_{ee} erreicht die Lichtgeschwindigkeit nämlich nur dann, wenn die kollidierenden Teilchen masselos sind und daher v_e gleich c ist.

Wenn angenommen wird, dass die Geschwindigkeiten der kollidierenden Teilchen verschieden sind, dann kann für diesen Fall eine analoge Herleitung durchgeführt werden. Diese ist allerdings, algebraisch gesehen, komplizierter (siehe Kapitel 11).

Angenommen die Geschwindigkeiten v_1 und v_2 sind nicht gleich, dann werden wir sehen, dass ihre Addition zum folgenden Ergebnis führt:

$$v_{12} = \frac{v_1 + v_2}{1 + \dfrac{v_1 v_2}{c^2}} \tag{9.7}$$

Das reduziert sich für $v_1 = v_2$ auf Gleichung (9.6).

Die Beziehung (9.7) ist identisch mit der relativistischen Formel für die Addition der Geschwindigkeiten, die in Einsteins etablierter Interpretation der Relativitätstheorie direkt aus der Lorentz-Transformation abgeleitet wird.

Daraus lässt sich schließen, dass die Gleichung (9.6) eine erste Bestätigung der Formel (9.7) für gleiche Geschwindigkeiten darstellt.

> Die Anwendung des Energieerhaltungssatzes auf den Zusammenstoß zweier Elektronen stellt eine erste Bestätigung des relativistischen Additionstheorems der Geschwindigkeiten dar.

10 Geschwindigkeitsabhängigkeit der Zeit

Die Erkenntnis aus dem vorigen Abschnitt, wonach Geschwindigkeiten nicht algebraisch addiert werden können, führt zu zwei wichtigen Konsequenzen.

Die erste Konsequenz betrifft das Versagen der Galilei-Transformation.

Auf die Addition von hohen Geschwindigkeiten angewandt, führt die Galilei-Transformation zu falschen Ergebnissen.

Es wird dadurch die Notwendigkeit erkannt, eine andere Transformation definieren zu müssen, die auch für hohe Geschwindigkeiten gültig bleibt.

Die zweite Konsequenz betrifft die Zeit.

Worum es sich handelt, werden wir anhand der folgenden physikalischen Untersuchung zeigen.

Es wird auf das im Kapitel 9 beschriebene Gedankenexperiment verwiesen, um die Zeiten zu erkunden, die von zwei Beobachtern in relativer Bewegung gegeneinander gemessen werden.

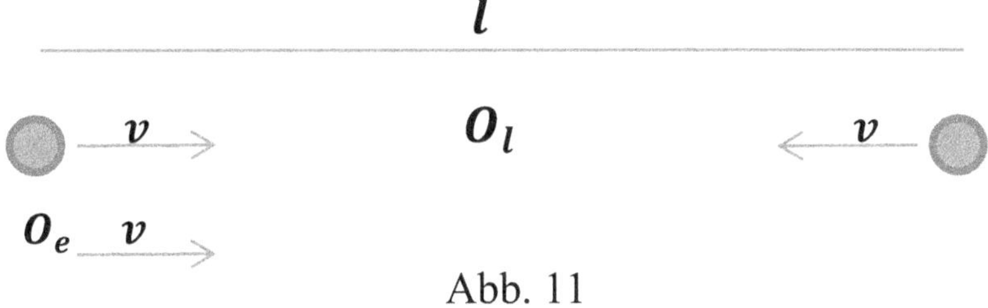

Abb. 11

Wir nehmen an, dass in einem Synchrotron zwei Teilchen bis zur Erreichung der Geschwindigkeit v, nahe der Lichtgeschwindigkeit, gegeneinander beschleunigt werden.

Wir stellen uns vor, dass sich die Teilchen zu einem bestimmten Zeitpunkt im Eintritt des Detektors des Teilchenbeschleunigers befinden, wo sie sich bis zur Kollision geradlinig mit konstanter Geschwindigkeit aufeinander zubewegen.

Zwei Falschannahmen

Und jetzt setzen wir zwei Annahmen voraus, welche im Rahmen klassischer Mechanik zwar selbstverständlich, die aber bei hohen Geschwindigkeiten, wie im vorliegenden Fall, nicht konsistent sind, und schauen wir was passiert.

<u>Die erste Annahme ist über den Raum</u>. Wir setzen die *Invarianz der Längen* für Beobachter in relativer Bewegung zueinander voraus: Wir nehmen an, dass sich die Beobachter O_l und O_e über die *Länge des Detektors* einig sind, d.h. über die Strecke, welche die Teilchen vor dem Zusammenstoß zurücklegen werden.

<u>Die zweite Annahme ist über die Zeit</u>. Wir setzen die *Invarianz der Gleichzeitigkeit* für Beobachter in relativer Bewegung zueinander voraus: Wir nehmen an, dass aus der Sicht beider Beobachter sich die Teilchen *zum gleichen Zeitpunkt im Eintritt des Detektors* des Teilchenbeschleunigers befinden.

Die Beobachter berechnen nun unabhängig voneinander die Zeit, die zwischen dem Eintrittszeitpunkt in den Detektor und der Kollision der Teilchen verstreicht.

Für Beobachter O_l, da er sich im Ruhezustand zum experimentellen Labor befindet, treffen sich die Teilchen genau in der Mitte des Detektors und daher stellt er fest, dass ein einzelnes Teilchen vor dem Zusammenstoß die Weglänge $l/2$ zurücklegt.

Die von den Beobachtern gemessenen Zeiten sind nicht übereinstimmend

Die von ihm gemessene Zeit ist deswegen:

$$t_l = \frac{l}{2v}$$

Beobachter O_e hingegen, da er sich im Ruhezustand zu einem der Teilchen befindet (siehe Abb. 11), berechnet die Zeit, indem er die Länge l des Detektors durch die Geschwindigkeit teilt, mit der das zweite Teilchen auf ihn zukommt.

Wir haben im Kapitel 9 gesehen, dass diese Geschwindigkeit durch die Relation (9.6) berechnet wurde.

Die von Beobachter O_e gemessene Zeit ist daher:

$$t_e = \frac{l}{2v}\left(1 + \frac{v^2}{c^2}\right)$$

und somit abweichend von der Zeit die vom Beobachter O_l gemessen wird.

Die Konsequenz ist, dass unter den gegebenen Voraussetzungen, für Beobachter O_e sich die Teilchen nicht mehr in der Mitte des Beschleunigungsdetektors treffen würden, so wie es aber auch für ihn gelten muss.

Diese Unstimmigkeit ließe sich nicht einmal durch eine Transformation ganz aufheben, die zu einer Kontraktion oder einer Dilatation der räumlichen Koordinate, und somit nur zu einer Veränderung der Detektorlänge, führt.

Die Inkongruenz lässt sich nur dadurch aufheben, wenn postuliert wird, dass aus der Sicht von Beobachter O_e, sich die Teilchen nicht zum gleichen Zeitpunkt im Eintritt des Detektors des Beschleunigers befinden.

Abhängigkeit der Gleichzeitigkeit vom Bezugssystem

Diese Tatsache deutet auf eine Abhängigkeit der Gleichzeitigkeit von der Wahl des Bezugssystems.

Daraus schließen wir, dass die korrekte Transformation, die in dieser Arbeit noch nicht abgeleitet wurde, notwendigerweise nicht nur die räumliche, sondern auch die zeitliche Koordinate betreffen muss.

Deshalb wird dadurch implizit das relativistische Postulat der Existenz einer lokalen, von der Geschwindigkeit des Bezugssystems abhängigen Zeit bestätigt.

Diese zweite Konsequenz ist noch gravierender als die erste, die zur Verwerfung der Galilei-Transformation für die räumliche Koordinate führt, denn sie betrifft die Unhaltbarkeit der Newtonschen Konzeption von einer absoluten Zeit.

Es ist zu berücksichtigen, dass in dieser Phase der Untersuchung noch die erforderlichen physikalischen Kenntnisse zur Herleitung der Lorentz-Transformationen fehlen, welche die korrekten Relationen für die zeitlichen und räumlichen Koordinaten in Abhängigkeit von der Geschwindigkeit liefern.

Aus dem Additionstheorem der Geschwindigkeiten muss zuerst das Prinzip der Konstanz der Lichtgeschwindigkeit für beliebige Relativgeschwindigkeiten zwischen Lichtquelle und Empfänger bewiesen werden. Erst dann verfügt der Physiker über die erforderlichen Voraussetzungen zur Herleitung der Transformationen.

Man erhielte dann folgende Ergebnisse:

Nach den Lorentz-Transformationen nimmt Beobachter O_e eine Zeitdilatation wahr[17].

---

[17] Eine einfache Herleitung der Zeitdilatation findet sich im „Gedankenexperiment der Lichtuhr" von Gilbert Newton Lewis und Richard C. Tolman.

Für die Länge des Detektors stellt Beobachter O_e stattdessen eine Kontraktion fest, die durch folgende Beziehung wiedergegeben wird:

$$l_e = l \sqrt{1 - \frac{v^2}{c^2}}$$

Die gleiche Längenkontraktion in Bewegungsrichtung nimmt auch der Beobachter O_l für die kollidierenden Teilchen wahr.

Protonen sollten daher beispielsweise nicht mehr kugelförmig, sondern einem Ellipsoid ähnlich sein.

Für Geschwindigkeiten, die hier als Bruchteile der Lichtgeschwindigkeit angegeben werden, müsste das Proton[18] der Relativitätstheorie zufolge wie in Abbildung 12 erscheinen.

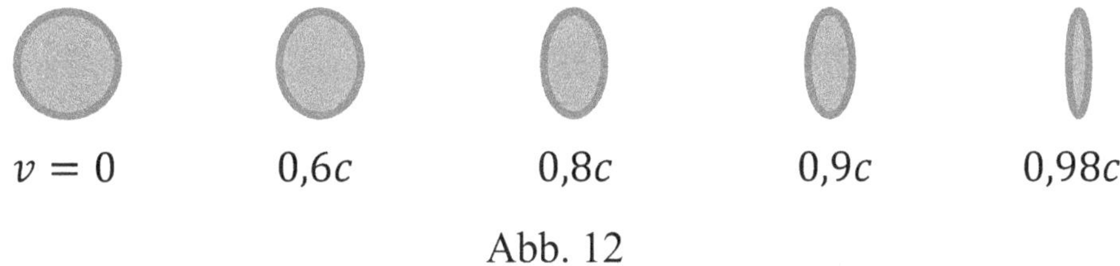

Abb. 12

Mit dem Large Hadron Collider, dem bislang leistungsstärksten Teilchenbeschleuniger der jemals realisiert wurde, können Protonen bis zu einer Energie von $14\,TeV$ beschleunigt werden.

Diese Energie entspricht einer Geschwindigkeit v_p gleich 99,9999991% der Lichtgeschwindigkeit.

Bei dieser Geschwindigkeit v_p hätte das Proton praktisch keine Dimension in Bewegungsrichtung.

---

[18] Hier wird das Proton als klassisches Teilchen betrachtet, ohne eventuelle quantenmechanische Aspekte zu berücksichtigen

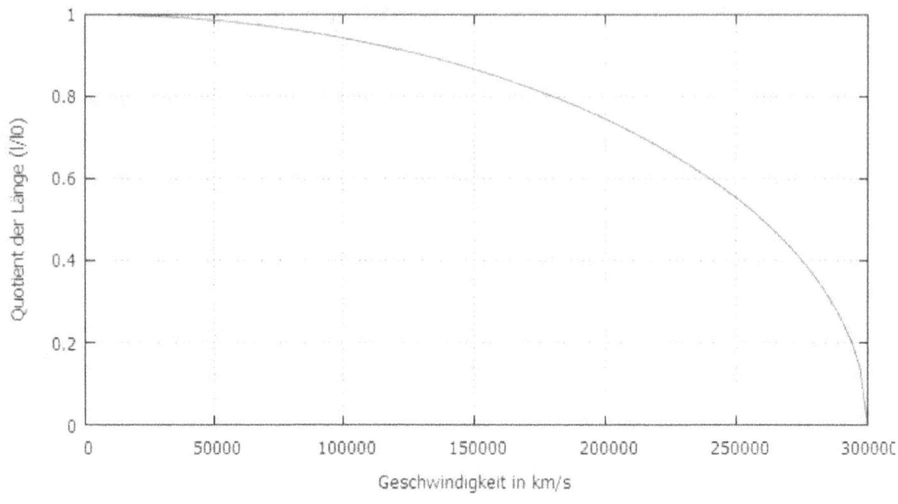

Abb. 13

Wir werden im zwölften Kapitel sehen, wie sich die relativistische Längenkontraktion durch ein Gedankenexperiment unter Verwendung des Energieerhaltungssatzes hergeleitet werden kann.

Im dreizehnten Kapitel werden wir dann sehen, wie wir mit Hilfe der relativistischen Längenkontraktion Beziehungen für die Transformation von Raum- und Zeitkoordinaten ableiten können, die mit den Lorentz-Beziehungen identisch sind, die sich aus dem Postulat der Konstanz der Lichtgeschwindigkeit ergeben.

In diesem Abschnitt wurde gezeigt, dass, bei der Annahme der Invarianz der Gleichzeitigkeit, die Messungen von Zeitintervallen, die von Beobachtern in relativer Bewegung zueinander durchgeführt werden, nicht übereinstimmen. Obwohl wir in dieser Phase der Studie noch nicht über die physikalischen Mittel verfügen, um die Ergebnisse der speziellen Relativitätstheorie quantitativ zu bestätigen, konnte inzwischen nachgewiesen werden, dass die Zeit von der Wahl des Bezugssystems abhängt.

11 Das Additionstheorem der Geschwindigkeiten

Die konventionellen Verfahren zur Herleitung des Additionstheorems der Geschwindigkeiten basieren auf Transformationen.

Im fünften Kapitel wurde aber festgestellt, dass wir im weiteren Verlauf dieser Abhandlung auf die Hilfe jeglicher Transformation verzichten müssen, weil einerseits die Galilei-Transformation nur für niedrige Geschwindigkeiten anwendbar ist und andererseits eine Transformation für beliebige Geschwindigkeiten noch nicht hergeleitet worden ist.

Wir sind somit nur auf die Verwendung der Erhaltungsätze für Masse, Energie und Impuls angewiesen.

Zur Addition der Geschwindigkeiten unterscheiden wir zwischen zwei Fällen: Fall 1. für niedrige und Fall 2. für beliebige Geschwindigkeiten. Aus dem Fall 1. dürfte es klar werden, was für eine Methode verwendet wird.

Wir nehmen an, dass infolge des zentralen Stoßes zweier Teilchen T_1 der Masse m_1 und T_2 der Masse m_2 ein Forscher O die Bildung eines neuen Teilchens T der Masse m_0 beobachtet, das im Ruhezustand zu ihm bleibt, wie im Bild 14 gezeigt. Ein zweiter Beobachter O_1 befindet sich im Ruhezustand zum Teilchen T_1.

Fall 1. Addition für niedrige Geschwindigkeiten

Um den Satz der Geschwindigkeitsaddition mit der klassischen Mechanik ohne die Galilei-Transformation herzuleiten, beziehen wir uns auf das ideale Experiment in Abb. 14 und verwenden nur die Gesetze der Massen- und Impulserhaltung.

Aus der Sicht des Beobachters ergibt sich O aus der Erhaltung der Masse und des Impulses vor und nach dem Stoß:

$$m_0 = m_1 + m_2 \ (a) \quad und \quad m_1 v_1 - m_2 v_2 = 0 \ (b)$$

Wenn v_{12} die Geschwindigkeit von T_2 aus der Sicht von Beobachter O_1 ist, dann gilt für ihn folgendes:

$$m_2 v_{12} = m_0 v_1 \qquad (c)$$

Durch Verwendung von Relation (a) in (c) ergibt sich:

$$m_2 v_{12} = m_1 v_1 + m_2 v_1 \qquad (d)$$

Aus Relation (b) erhalten wir: $m_1 v_1 = m_2 v_2$ und das in Gleichung (d) eingesetzt ergibt:

$$v_{12} = v_1 + v_2$$

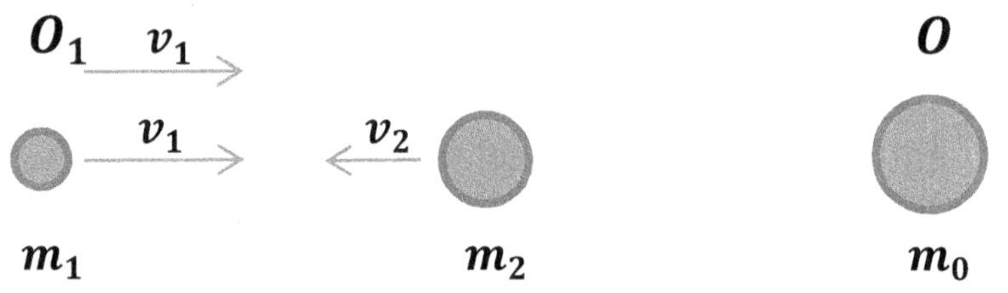

Abb. 14

Wir werden nun zeigen, wie mit einer ähnlichen Methode das relativistische Additionstheorem für beliebige Geschwindigkeiten abgeleitet werden kann, ohne auf die Lorentz-Transformation zurückgreifen zu müssen, wie es bei der etablierten Interpretation der Relativitätstheorie der Fall ist

Fall 2. Addition für beliebige Geschwindigkeiten

Zur Herleitung des relativistischen Additionstheorems der Geschwindigkeiten wird im nächsten Gedankenexperiment der Energie- und Impulserhaltungssatz auf den Zusammenstoß von zwei *ungleichen* Teilchen angewandt.

Wir werden sehen, dass das etwas kompliziertere Rechenverfahren, als das im Kapitel 9 für gleiche Massen und Geschwindigkeiten verwendete, zur Relation (9.7) führt.

Angenommen m_{01}, m_{02} sind die invarianten Massen und v_1, v_2 sind die Geschwindigkeiten der Teilchen T_1 und T_2, dann wird der Beobachter O wegen der Energieerhaltung folgende Beziehung für die Masse m_0 von Teilchen T feststellen:

$$m_0 c^2 = m_1 c^2 + m_2 c^2 \qquad \Rightarrow$$

Oder unter Verwendung der Relation (5.4):

$$m_0 = \frac{m_{01}}{\sqrt{1 - \frac{v_1^2}{c^2}}} + \frac{m_{02}}{\sqrt{1 - \frac{v_2^2}{c^2}}} \qquad (11.1)$$

Andererseits, da der Impuls des Teilchens T gleich Null ist, gilt wegen der Impulserhaltung vor und nach dem Zusammenstoß:

$$\frac{m_{01} v_1}{\sqrt{1 - \frac{v_1^2}{c^2}}} - \frac{m_{02} v_2}{\sqrt{1 - \frac{v_2^2}{c^2}}} = 0 \qquad (11.2)$$

Wenn v_x/c durch β_x ersetzt wird, ergibt sich dann:

$$\frac{m_{01}}{\sqrt{1 - \beta_1^2}} = \frac{m_{02}}{\sqrt{1 - \beta_2^2}} \frac{\beta_2}{\beta_1} \qquad (11.3)$$

Nachdem die rechte Seite der Gleichung (11.3) in die Gleichung (11.1) eingesetzt und der Term $\dfrac{m_{02}}{\sqrt{1-\beta_2^2}}$ ausgeklammert worden ist, ergibt sich:

$$m_0 = \frac{m_{02}}{\sqrt{1 - \beta_2^2}} \left(1 + \frac{\beta_2}{\beta_1} \right) \qquad (11.4)$$

Anders als (11.1), drückt die Gleichung (11.4) den Wert der invarianten Masse des gebildeten Teilchens T in Abhängigkeit von nur einer der Massen der kollidierenden Teilchen aus. Wir werden noch im Laufe dieser Herleitung auf dieses Zwischenergebnis zurückgreifen.

Wir nehmen nun einen zweiten Beobachter O_1 an, der sich im Ruhezustand zum Teilchen T_1 befindet. Dieser kann die relative Geschwindigkeit v_{12} zwischen T_1 und T_2 durch die Anwendung der Impulserhaltung vor und nach der Kollision der Teilchen wie folgt berechnen:

Da sich der Beobachter O_1 im Ruhezustand zu T_1 befindet, ist der von ihm gemessene Impuls p_1 vor dem Zusammenstoß nur der des Teilchens T_2 mit Masse m_{02}, welches sich gegen O_1 mit der Geschwindigkeit v_{12} bewegt:

$$p_1 = \frac{m_{02}v_{12}}{\sqrt{1 - \frac{v_{12}^2}{c^2}}}$$

Nach der Kollision bewegt sich O_1 mit der Geschwindigkeit v_1 gegen Teilchen T weiter. Deswegen ist der von O_1 gemessene Impuls p_2 nur der des Teilchens T mit Masse m_0:

$$p_2 = \frac{m_0 v_1}{\sqrt{1 - \frac{v_1^2}{c^2}}}$$

Wegen des Impulserhaltungssatzes muss der Impuls vor und nach dem Zusammenstoß gleichbleiben ($p_1 = p_2$). Daraus folgt:

$$\frac{m_{02}v_{12}}{\sqrt{1 - \frac{v_{12}^2}{c^2}}} = \frac{m_0 v_1}{\sqrt{1 - \frac{v_1^2}{c^2}}} \qquad \Rightarrow$$

Um die nachfolgenden Berechnungen leichter nachvollziehen zu können, wird nun ${v_x}/{c}$ durch β_x ersetzt:

$$\frac{m_{02}\beta_{12}}{\sqrt{1-\beta_{12}^2}} = \frac{m_0\beta_1}{\sqrt{1-\beta_1^2}} \qquad (11.5)$$

(Siehe von dieser Stelle an auch eine Herleitung im Anhang A IV, die auf dem Energieerhaltungssatz basiert).

Der Term für m_0 aus (11.4) wird nun in die Gleichung (11.5) eingesetzt:

$$\frac{m_{02}\,\beta_{12}}{\sqrt{1-\beta_{12}^2}} = \frac{m_{02}}{\sqrt{1-\beta_1^2}\sqrt{1-\beta_2^2}}\beta_1\left(1+\frac{\beta_2}{\beta_1}\right) \qquad \Rightarrow$$

Nun kann m_{02} auf beiden Seiten gekürzt werden und die Klammer mit dem Faktor β_1 kann vereinfacht werden:

$$\frac{\beta_{12}}{\sqrt{1-\beta_{12}^2}} = \frac{\beta_1+\beta_2}{\sqrt{1-\beta_1^2}\sqrt{1-\beta_2^2}} \qquad \Rightarrow$$

Zur Auflösung der Wurzeln werden nun beide Terme links und rechts quadriert:

$$\frac{\beta_{12}^2}{1-\beta_{12}^2} = \frac{\beta_1^2+2\beta_1\beta_2+\beta_2^2}{1-\beta_1^2-\beta_2^2+\beta_1^2\beta_2^2} \qquad \Rightarrow$$

$$\beta_{12}^2-\beta_{12}^2\beta_1^2-\beta_{12}^2\beta_2^2+\beta_{12}^2\beta_1^2\beta_2^2 =$$
$$= \beta_1^2+2\beta_1\beta_2+\beta_2^2-\beta_{12}^2\beta_1^2-2\beta_{12}^2\beta_1\beta_2-\beta_{12}^2\beta_2^2$$

Schließlich werden die Terme $\beta_{12}^2\beta_1^2$ und $\beta_{12}^2\beta_2^2$, die mit gleichen Vorzeichen auf beiden Seiten der Gleichung vorkommen, eliminiert. Außerdem wird der Term $2\beta_{12}^2\beta_1\beta_2$ von der rechten zur linken Seite der Gleichung transferiert.

Daraus folgt:

$$\beta_{12}^2 + 2\beta_{12}^2\beta_1\beta_2 + \beta_{12}^2\beta_1^2\beta_2^2 = \beta_1^2 + 2\beta_1\beta_2 + \beta_2^2 \quad \Rightarrow$$

$$\beta_{12}^2(1 + 2\beta_1\beta_2 + \beta_1^2\beta_2^2) = \beta_1^2 + 2\beta_1\beta_2 + \beta_2^2$$

Es lässt sich leicht feststellen, dass die linke und rechte Seite der Gleichung jeweils Quadrate von binomischen Formeln enthalten.

$$\beta_{12}^2(1 + \beta_1\beta_2)^2 = (\beta_1 + \beta_2)^2 \quad \Rightarrow$$

$$\beta_{12} = \frac{\beta_1 + \beta_2}{1 + \beta_1\beta_2}$$

Schließlich ergibt sich durch Ersetzen von β_x durch v_x/c die Relation der Geschwindigkeitsaddition:

$$v_{12} = \frac{v_1 + v_2}{1 + \dfrac{v_1 v_2}{c^2}} \tag{11.6}$$

Die Relation (11.6) stimmt mit dem relativistischen Additionstheorem der Geschwindigkeiten von Einstein überein.

Zum gleichen Ergebnis führt natürlich auch eine Herleitung, die auf dem Energieerhaltungssatz basiert (siehe A IV im Anhang).

Hier sei noch einmal hervorgehoben, dass die Gleichung (11.6) nur durch die Verwendung der Erhaltungssätze hergeleitet worden ist. Das Postulat von der Konstanz der Lichtgeschwindigkeit ist hingegen nicht benutzt worden.

Die Anwendung des Energie- und Impulserhaltungssatzes auf den zentralen Stoß zweier Teilchen ermöglicht den Nachweis des relativistischen Additionstheorems der Geschwindigkeiten im allgemeinsten Fall, ohne Verwendung der Lorentz-Transformation.

12 Herleitung der Längenkontraktion und der Zeitdilatation

In diesem Kapitel wird gezeigt, wie die Längenkontraktion in Abhängigkeit von der Geschwindigkeit mit Hilfe des Energieerhaltungssatzes hergeleitet werden kann.

Zu diesem Zweck stellen wir uns den zentralen Stoß zwischen zwei Elektronen vor, die zum Zeitpunkt $t = 0$ einen Abstand $2l$ zueinander haben und die sich mit gleichen Geschwindigkeiten v aufeinander zubewegen, so wie links in Abbildung 15 illustriert ist.

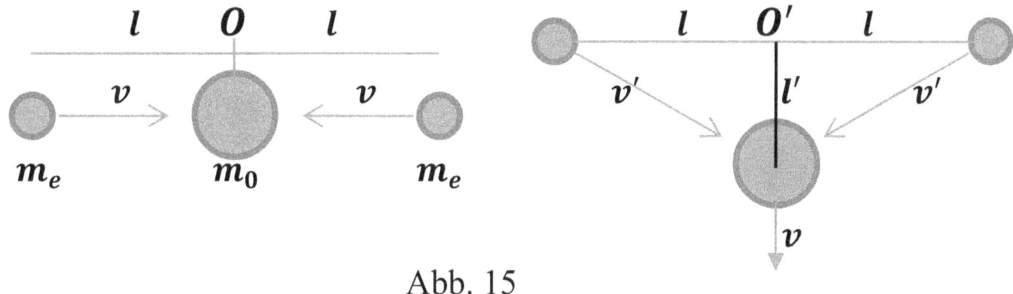

Abb. 15

Nehmen wir an, dass sich infolge des Zusammenstoßes ein neues Teilchen mit der Masse m_0 bildet. Dieses befindet sich aus der Sicht eines Beobachters O im Ursprung eines zu ihm ruhenden Bezugssystems.

Da für den Beobachter O die Länge der Strecke, die ein Teilchen bis zur Kollision zurücklegt, gleich l ist, gilt in Abhängigkeit der Zeit t bis zum Zusammenstoß: $l = vt$.

Betrachten wir jetzt das gleiche Gedankenexperiment aus der Sicht eines zweiten Beobachters O', der in einem Bezugssystem ruht, das sich mit der gleichen Geschwindigkeit v wie die Teilchen bewegt, aber vertikal nach oben.

Da diese Bewegung in y-Richtung orthogonal zu der Bewegungsrichtung der kollidierenden Elektronen ist, messen die Beobachter O und O' in x-Richtung schauend die gleiche Länge l, die gleiche Geschwindigkeit v und somit auch, bis zur Kollision, die gleiche Zeit t.[19]

Während dieser Zeit bewegt sich der Beobachter im Koordinatensystem O' um die Strecke l' vorwärts, d.h. die Kollision findet für ihn auf der y-Achse um l' nach hinten versetzt statt (siehe Abbildung 15 rechts).

Wir setzen voraus, dass zum Zeitpunkt $t = 0$ die beiden Ursprünge der Koordinatensysteme O und O' zusammenfallen und dass für den Beobachter O' die Elektronen auf der nach unten gerichteten Y-Achse in dem Punkt T bei der Koordinate l' zusammenstoßen, wie Abbildung 16 zeigt.

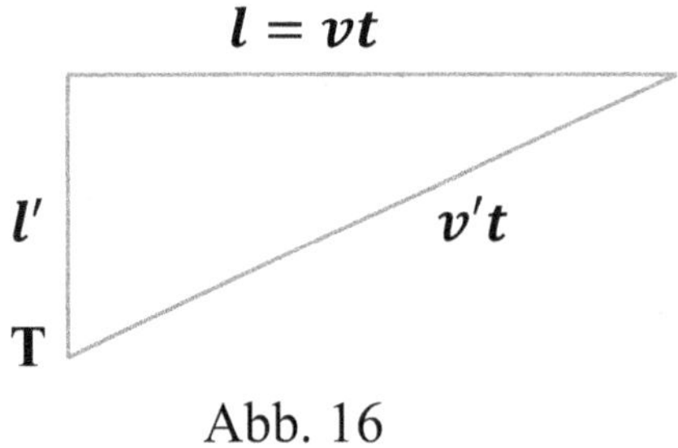

Abb. 16

---

[19] Im Allgemeinen braucht jeder Beobachter Transformationen, um Raum und Zeit aus der Sicht eines anderen Beobachters zu erkunden. Bei der Herleitung der Längenkontraktion sind diese Transformationen noch unbekannt. Es ist trotzdem sicher, dass für Relativgeschwindigkeit $v = 0$ die Beobachter gleiche Länge und Zeiten messen. Es handelt sich hier um einen zweidimensionalen Fall. Damit wir uns besser orientieren können, nennen wir X die Achse auf dem sich die Elektronen bewegen und Y die Achse auf dem sich Beobachter O' bewegt. In zwei Dimensionen braucht jeder der zwei Beobachter eine Transformation für die X-Achse und eine Transformation für die Y-Achse, um die Längen aus der Sicht des anderen Beobachters zu berechnen. Beide Transformationen sind jeweils nur von der Komponente v_x bzw. v_y der relativen Geschwindigkeit v der Beobachter abhängig. Hier wird für beide Beobachter nur die Komponente der Bewegung der Teilchen in X-Richtung gebraucht um l, v und t zu berechnen. Dafür reicht die Transformation für die X-Achse aus. Die Komponente v_x der Relativgeschwindigkeit v zwischen den Beobachtern in X-Richtung ist aber gleich Null. Deswegen die Transformation für die X-Achse liefert für beide Beobachter gleiche Werte für Längen und Zeiten.

Aus Abb. 16 ergibt sich[20]:

$$v'^2 = v^2 + \frac{l'^2}{t^2} \qquad (12.1)$$

In der Gleichung (12.1) kommen zwei Unbekannte vor: die Länge l' und die Geschwindigkeit v'.

Zur Berechnung der Länge l' brauchen wir deswegen eine zweite Relation, welche die Geschwindigkeit v' in der schrägen Richtung nur in Abhängigkeit von der Geschwindigkeit v ausdrückt.

Wir werden l' zuerst für eine Geschwindigkeit v erheblich niedriger als die Lichtgeschwindigkeit berechnen.

Berechnung von l' für v ≪ c

Wie aus Abbildung 17 zu entnehmen ist, resultiert die von Beobachter O' gemessene Geschwindigkeit v' der Elektronen für $v << c$ aus der Summe von zwei zueinander orthogonalen Vektorkomponenten mit dem gleichen Betrag.

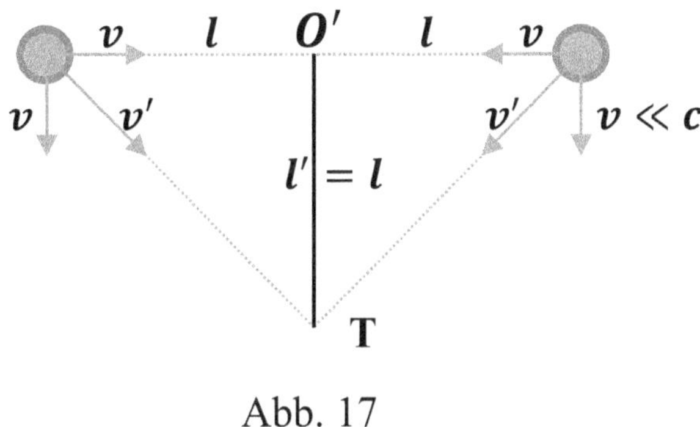

Abb. 17

---

[20] Das Zeitintervall t, das von den Beobachtern auf der X-Achse bis zur Kollision gemessen wird, ist notwendigerweise das gleiche, das auf der Hypotenuse des rechtwinkligen Dreiecks im Abb. 16 von Beobachter O' gemessen wird. Wenn es nicht so wäre, würde Beobachter O' statt eine, zwei Kollisionen zu verschiedenen Zeitpunkten erleben, die erste auf dem schrägen Weg und die zweite als Abbildung der ersten auf der X-Achse.

Der Vektor $\boldsymbol{v'}$ hat somit eine Neigung von 45°, deswegen für $\boldsymbol{v} << \mathbf{c}$ treffen sich die Elektronen aus der Sicht von $\boldsymbol{O'}$ in dem Punkt $\mathbf{T}$ bei:

$$\boldsymbol{l'} = \boldsymbol{l}$$

Unter diesen Bedingungen hat der Vektor $\boldsymbol{v'}$ den Betrag $\sqrt{2}\boldsymbol{v}$, der aber etwa ab $\boldsymbol{v} \cong \mathbf{70\%\,c}$ einen unzulässigen Wert größer als $\boldsymbol{c}$ annehmen würde.

 Damit wird die Grenze dieser Betrachtung für $\boldsymbol{v} \ll \boldsymbol{c}$ deutlich.

Berechnung von l' für beliebige Geschwindigkeiten

Um die Strecke $\boldsymbol{l'}$ für beliebige Geschwindigkeiten ermitteln zu können, benötigen wir eine weitere Gleichung für die unbekannte Geschwindigkeit $\boldsymbol{v'}$.

Hier hilft uns weiter, dass bei der Berechnung von $\boldsymbol{v'}$ die Erhaltung des Impulses und der Energie beachtet werden muss.

Diese Forderung ermöglicht die Berechnung der Länge $\boldsymbol{l'}$ unter relativistischen Gesichtspunkten wie folgt:

Aus der Sicht von $\boldsymbol{O}$ gilt folgendes wegen des Energieerhaltungssatzes (siehe Abbildung 15 links):

$$m_0 c^2 = \frac{2 m_{0e} c^2}{\sqrt{1 - \dfrac{v^2}{c^2}}} \qquad (12.2)$$

Aus der Sicht von Beobachter $\boldsymbol{O'}$ bewegt sich das gebildete Teilchen nach dem Stoß mit der Geschwindigkeit $\boldsymbol{v}$ entlang der Y-Achse weiter nach unten (siehe Abb. 15 rechts). Für $\boldsymbol{O'}$ ergibt sich dann (siehe auch Kapitel 18):

$$\frac{m_0 c^2}{\sqrt{1 - \dfrac{v^2}{c^2}}} = \frac{2 m_{0e} c^2}{\sqrt{1 - \dfrac{v'^2}{c^2}}} \qquad (12.3)$$

Durch die Verwendung von (12.2) in (12.3) ergibt sich:

$$\frac{2m_{0e}c^2}{1-\frac{v^2}{c^2}} = \frac{2m_{0e}c^2}{\sqrt{1-\frac{v'^2}{c^2}}} \quad \Rightarrow$$

$$1-\frac{v^2}{c^2} = \sqrt{1-\frac{v'^2}{c^2}} \quad \Rightarrow$$

$$1-2\frac{v^2}{c^2}+\frac{v^4}{c^4} = 1-\frac{v'^2}{c^2} \quad \Rightarrow$$

$$v'^2 = 2v^2 - \frac{v^4}{c^2} \qquad (12.4)$$

(12.4) ist die gesuchte Relation, die v' in Abhängigkeit von v ausdrückt und wegen Gl. (12.1) folgt nun:

$$\frac{l'^2}{t^2} = v^2\left(1-\frac{v^2}{c^2}\right) \qquad (12.5)$$

Da $vt = l$ ist, kann (12.5) folgendermaßen umgeschrieben werden:

$$l'^2 = l^2\left(1-\frac{v^2}{c^2}\right)$$

Und daraus folgt:

$$l' = l\sqrt{1-\frac{v^2}{c^2}} \qquad (12.6)$$

Die Relation (12.6) drückt, in Übereinstimmung mit der etablierten Interpretation der Relativitätstheorie von Einstein, die von der Geschwindigkeit abhängige Längenkontraktion in Bewegungsrichtung aus.

Im folgenden Kapitel werden wir sehen, dass sich aus der Beziehung (12.6) auf einfache Weise Transformationen für die Raum- und Zeitkoordinaten ableiten lassen, die mit den Lorentz-Transformationen identisch sind.

Aus den Lorentz-Transformationen lässt sich, wie wir sehen werden, die Beziehung der Zeitdilatation als Funktion der Geschwindigkeit ableiten.

Sie hat die folgende Form:

$$t' = \frac{t}{\sqrt{1 - \frac{v^2}{c^2}}} \qquad (12.7)$$

Die Relation (12.7) drückt, in Übereinstimmung mit der etablierten Interpretation der Relativitätstheorie, die Zeitdilatation als Funktion der Geschwindigkeit in Bewegungsrichtung aus.

> Die Anwendung des Energieerhaltungssatzes auf den Zusammenstoß zweier Elektronen aus der Sicht von Beobachtern in relativer Bewegung zueinander ermöglicht es, die Relationen der relativistischen Längenkontraktion in Anhängigkeit von der Geschwindigkeit herzuleiten.

13 Raumkoordinaten- und Zeit-Transformation

In Kapitel 12 haben wir die relativistische Längenkontraktionsformel als Funktion der Geschwindigkeit unter Verwendung des Energieerhaltungssatzes hergeleitet.

In diesem Kapitel werden wir sehen, wie aus der Beziehung der Längenkontraktion die Lorentz-Transformationen für Raum und Zeit abgeleitet werden können, ohne die Konstanz der Lichtgeschwindigkeit voraussetzen zu müssen.

Bevor wir die Demonstration durchführen, möchten wir jedoch kurz die etablierte Methode der Herleitung der Transformationen beschreiben.

Beweis der Lorentz-Transformationen mit der etablierten Methode

1905 leitete Albert Einstein die Transformationen auf der Grundlage der folgenden Annahmen ab:

1. **Konstanz der Lichtgeschwindigkeit**: Die Lichtgeschwindigkeit ist in allen Inertialsystemen gleich, unabhängig von der Bewegung der Quelle oder des Beobachters.

2. **Relativitätsprinzip**: Die Gesetze der Mechanik sind in allen gleichmäßig bewegten Bezugssystemen gleichermaßen gültig.

3. **Lineare Transformation**: Die Koordinaten zwischen zwei Inertialsystemen S e S', die sich mit der Relativgeschwindigkeit v bewegen, sind durch lineare Gleichungen miteinander verbunden.

Dieser Ansatz macht den Äther überflüssig und interpretiert die Transformationen als grundlegende Eigenschaften der Raumzeit.

Mathematische Ableitung

Anfängliche Annahmen:

- Koordinatensysteme: S (ruhendes System) und S' (System, das sich mit der Geschwindigkeit v in Richtung von x bewegt).

- Ereignis: Ein Punkt in der Raumzeit mit den Koordinaten (x, t) in S und (x', t') in S'.

Transformationsgleichungen:

Für die Linearität und Symmetrie der Systeme gilt:

$$x' = \gamma(x - vt) \qquad e \qquad x = \gamma(x' + vt')$$

Berechnung des Lorentz-Faktors

Für die Berechnung des Lorentz-Faktors wird die Konstanz der Lichtgeschwindigkeit verwendet:

Für einen Lichtblitz, für den in S $x = ct$ gilt, muss die analoge Beziehung $x' = ct'$ auch in S' gelten. Setzt man diese Beziehungen in die Transformationsgleichungen ein, so erhält man den Lorentz-Faktor:

$$\gamma = \frac{1}{\sqrt{1 - \dfrac{v^2}{c^2}}}$$

Dieser Lorentz-Faktor dominiert die relativistischen Effekte bei hohen Geschwindigkeiten.

Durch Gleichsetzen und Lösen der Gleichungen für t' erhalten wir die Transformation für die Zeit:

$$t' = \gamma\left(t - \frac{vx}{c^2}\right)$$

Einstein zeigte, dass die Maxwellschen Gleichungen gegenüber diesen Transformationen invariant sind und löste damit die Widersprüche zur klassischen Mechanik auf.

Wir sehen nun, wie aus der Beziehung der Längenkontraktion die Lorentz-Transformationen für Raum und Zeit abgeleitet werden können, ohne die Konstanz der Lichtgeschwindigkeit voraussetzen zu müssen.

Wir betrachten zwei eindimensionale Bezugssysteme relativ zueinander in Bewegung mit konstanter Geschwindigkeit v. Zwei Beobachter O und O' ruhen jeweils an den Koordinatenursprüngen O und O' der beiden Bezugssysteme und messen die Zeit t bzw. t'. Die Koordinatenursprünge der beiden Bezugssysteme fallen zum Zeitpunkt $t = 0$ für O und $t' = 0$ für O' zusammen.

Wir lassen gelten, so wie im Kapitel 10 diskutiert wurde, dass für spätere Zeitpunkte die Zeitmessungen t und t' verschieden sein können, d.h. wir nehmen <u>nicht</u> a priori an, dass $t = t'$ ist, auch nicht für $v \ll c$.

Um die Beziehungen zwischen den Bezugssystemen eindeutig darzustellen, werden wir uns bei den nächsten Diagrammen an folgenden Regeln halten:

- In jedem Diagramm kommt ein ruhender Beobachter vor. Ein zweiter Beobachter bewegt sich entlang der X-Achse mit Geschwindigkeit v.

- Die Transformation wird aus der Sicht des ruhenden Beobachters betrachtet und somit wird seine Zeit verwendet. Der ruhende Beobachter wird in den Diagrammen **grau** hinterlegt.

- Das Bezugssystem des in Bewegung befindlichen Beobachters wird mit **gestrichelten Linien** dargestellt.

- Die Transformation betrifft immer die Berechnung der Raum-Koordinate des bewegten Beobachters in Abhängigkeit von der Raum- und Zeit-Koordinate des ruhenden Beobachters.

Ist die Relativgeschwindigkeit v zwischen den Bezugssystemen erheblich niedriger als die Lichtgeschwindigkeit, dann werden von den beiden Beobachtern keine Längenkontraktionen in Bewegungsrichtung wahrgenommen. In Abbildung 18 ist der Beobachter O in Ruhe. t ist die von O gemessene Zeit.

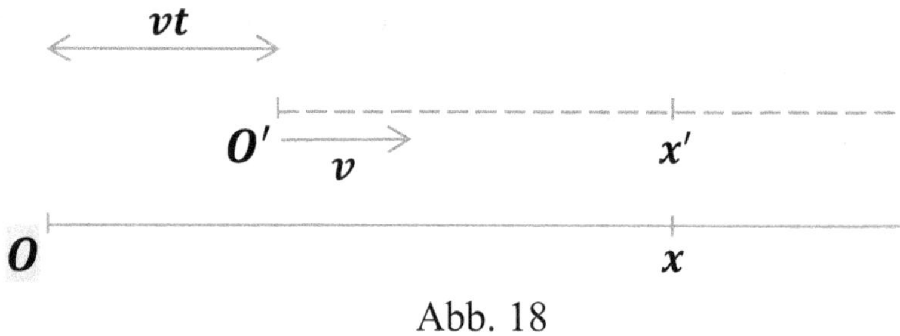

Abb. 18

Nach Abbildung 18 ergeben sich aus der Sicht von O die Beziehungen:

$$x = x' + vt \quad \Rightarrow \quad x' = x - vt \qquad (13.1)$$

Nach Abbildung 19 folgt dazu aus der Sicht von Beobachter O':

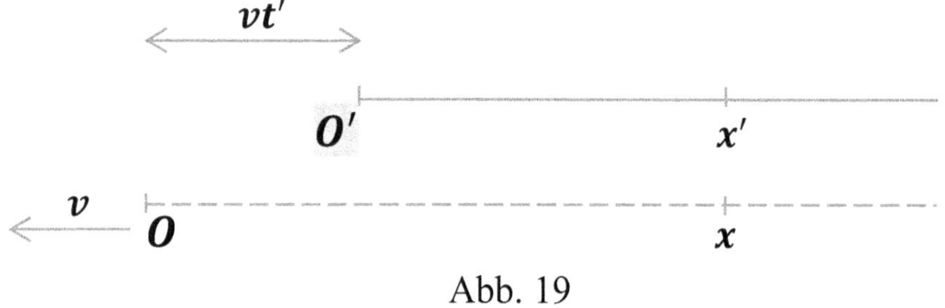

Abb. 19

Die zugehörigen Relationen sind:

$$x' = x - vt' \quad \Rightarrow \quad x = x' + vt' \qquad (13.2)$$

Und ersetzt man hierin x' durch Relation (13.1) dann folgt:

$$x = x - vt + vt' \quad \Rightarrow \quad t = t' \qquad (13.3)$$

Relation (13.3) zeigt für $v \ll c$: Die Zeitkoordinate ist invariant.

Die Relationen (13.1) und (13.3) entsprechen der Galilei-Transformation und gelten im Rahmen der klassischen Mechanik für $v \ll c$:

$$x' = x - vt \quad (13.1); \qquad t = t' \quad (13.3)$$

Betrachten wir jetzt die Situation aus der Sicht von Beobachter O, diesmal für eine beliebige Geschwindigkeit v:

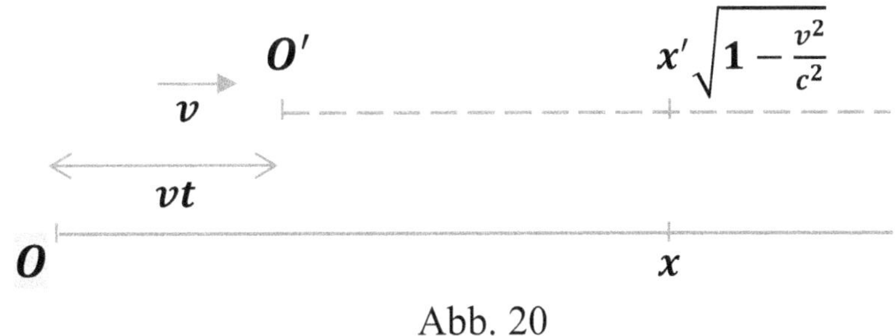

Abb. 20

Wie im Kapitel 12 bewiesen wurde, stellt Beobachter O eine Längenkontraktion der Strecke zwischen O' und x' fest, so dass für ihn der zu x entsprechende Punkt auf dem Bezugssystem O' bei der Koordinate $x' \sqrt{1 - \frac{v^2}{c^2}}$ lokalisiert ist, so wie in Abbildung 20 gezeigt wird.

Aus Abbildung 20 lässt sich entnehmen, dass für Beobachter O gilt:

$$x = x' \sqrt{1 - \frac{v^2}{c^2}} + vt \qquad \Rightarrow$$

$$x' = \frac{x - vt}{\sqrt{1 - \frac{v^2}{c^2}}} \qquad (13.4)$$

t in Gl. (13.4) ist die Zeit aus der Sicht von $\boldsymbol{O}$.

Relation (13.4) stellt den Wert der Raum-Koordinate $\boldsymbol{x'}$ im Bezugssystem des Beobachters $\boldsymbol{O'}$ dar, in Abhängigkeit von der Raum- und Zeit-Koordinate $(\boldsymbol{x, t})$ des Bezugssystems von $\boldsymbol{O}$.

Betrachten wir jetzt die Situation aus der Sicht von Beobachter $\boldsymbol{O'}$:

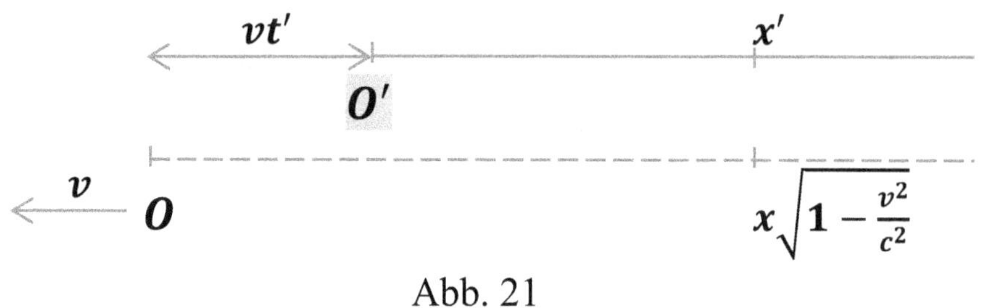

Abb. 21

Beobachter $\boldsymbol{O'}$ stellt eine Längenkontraktion der Strecke zwischen $\boldsymbol{O}$ und $\boldsymbol{x}$ fest, so dass für ihn der entsprechende Punkt von $\boldsymbol{x'}$ auf dem Bezugssystem $\boldsymbol{O}$ bei der Koordinate $\boldsymbol{x}\sqrt{1 - \dfrac{v^2}{c^2}}$ zu finden ist, wie es Abbildung 21 zeigt.

Aus Abbildung 21 lässt sich ferner entnehmen, dass für Beobachter $\boldsymbol{O'}$ gilt:

$$\boldsymbol{x' + vt' = x}\sqrt{1 - \frac{v^2}{c^2}} \quad \Rightarrow$$

$$\boldsymbol{x = \frac{x' + vt'}{\sqrt{1 - \dfrac{v^2}{c^2}}}} \qquad (13.5)$$

Dabei ist zu bemerken, dass $\boldsymbol{t'}$ die Zeit aus der Sicht von $\boldsymbol{O'}$ darstellt. Sie ist von der Zeit $\boldsymbol{t}$ des Beobachters $\boldsymbol{O}$ allgemein verschieden, so wie im Kapitel 10 bereits diskutiert wurde.

Die Relationen (13.4) und (13.5) stellen die räumlichen Koordinaten-Transformationen für beliebige Geschwindigkeiten dar, aus der Sicht zweier Beobachter in relativer Bewegung zueinander.

Die Transformation für die zeitliche Koordinate lässt sich aus den Relationen (13.4) und (13.5) ableiten.

Aus Relation (13.5) ergibt sich:

$$x' = x \sqrt{1 - \frac{v^2}{c^2}} - vt' \qquad (13.6)$$

Relation (13.4) gleichgesetzt mit Relation (13.6) ergibt:

$$\frac{x - vt}{\sqrt{1 - \frac{v^2}{c^2}}} = x \sqrt{1 - \frac{v^2}{c^2}} - vt' \qquad \Rightarrow$$

$$x - vt = x\left(1 - \frac{v^2}{c^2}\right) - vt' \sqrt{1 - \frac{v^2}{c^2}} \qquad \Rightarrow$$

$$-vt = -x\frac{v^2}{c^2} - vt' \sqrt{1 - \frac{v^2}{c^2}} \qquad \Rightarrow$$

$$t' = \frac{t - \frac{xv}{c^2}}{\sqrt{1 - \frac{v^2}{c^2}}} \qquad (13.7)$$

Mit einem analogen Verfahren lässt sich für t in Abhängigkeit von t' und x' folgende Relation herleiten:

$$t = \frac{t' + \dfrac{x'v}{c^2}}{\sqrt{1 - \dfrac{v^2}{c^2}}} \qquad (13.8)$$

Die Koordinatentransformationen nach (13.4) und (13.5) sowie (13.7) und (13.8) erscheinen in gleicher Form als Bestandteile der Lorentz-Transformation, welche in Rahmen der Speziellen Relativitätstheorie den Übergang zwischen Inertialsystemen für beliebige Geschwindigkeiten beschreibt.

Abschließend wollen wir die beiden beschriebenen Herleitungsmethoden miteinander vergleichen.

Bei der etablierten Methode von Einstein werden die Lorentz-Transformationen direkt aus dem Postulat der Konstanz der Lichtgeschwindigkeit abgeleitet. Als Voraussetzung der Speziellen Relativitätstheorie stellen sie die grundlegenden Gleichungen dar, aus denen alle anderen relativistischen Prinzipien abgeleitet werden. Der Physiker muss seine angeborene Vorstellung von der Absolutheit von Raum und Zeit verwerfen, bevor er überhaupt die Gesetze der Mechanik ableiten kann.

Bei der alternativen Methode werden die Lorentz-Transformationen am Ende einer langen Kette von Demonstrationen abgeleitet. Sie sind keine Annahme, sondern das Ergebnis physikalischer Überlegungen, die auf dem aus der klassischen Physik abgeleiteten Prinzip der Äquivalenz von Masse und Energie beruhen. Der Physiker wird mit der Hypothese der Nicht-Absolutheit von Raum und Zeit erst nach der Ableitung der wichtigsten relativistischen Gesetze konfrontiert.

> In diesem Abschnitt wurde gezeigt, wie die Raum- und Zeit-Transformation für beliebige Relativgeschwindigkeiten der Beobachter alternativ aus dem Phänomen der relativistischen Längenkontraktion hergeleitet werden kann.

14 Konstanz der Lichtgeschwindigkeit

Die Lichtgeschwindigkeit kommt als Konstante c in vielen physikalischen Formeln vor. Eine von diesen ist die Relation des Impulses $p = E/c$ der Lichtstrahlung. Es zeigt sich, dass bei ruhender Lichtquelle die Lichtgeschwindigkeit für jede Frequenz von den Radiowellen bis hin zu den Gammastrahlungen konstant ist. Eine Konstanz für alle Frequenzen verstößt nicht gegen die Gesetze der klassischen Physik.

In diesem Kapitel geht es aber nicht um dieses Konzept der Konstanz, sondern um die Tatsache, dass die Lichtgeschwindigkeit auch bei bewegter Lichtquelle und zwischen allen Inertialsystemen konstant bleibt, wie aus dem Experiment von Michelson und Morley hervorgeht.

Konflikt mit der klassischen Mechanik

Da diese Konstanz für jede Relativgeschwindigkeit zwischen Licht-Sender und Empfänger gilt, ist sie nicht mehr im Einklang mit der Galilei-Transformation und steht somit in Konflikt mit einem fundamentalen Grundsatz der klassischen Mechanik. Das ist auch der Grund, warum sich das Konzept „Konstanz der Lichtgeschwindigkeit im relativistischen Sinne" allzu leicht der Intuition des Menschenverstandes entzieht. Was hat aber dieses Konzept so besonders an sich, um eine Revolution im Rahmen der Physik zu verursachen mit den bekannten Konsequenzen: Zeitdilatation, Längenkontraktion und den berühmten Paradoxen? In diesem Kapitel wollen wir versuchen anhand eines konkreten Beispiels für Klarheit zu sorgen:

Stellen Sie sich ein Raumschiff vor, das sich relativ zu einem Beobachter O_a (Index „a" steht für „außerhalb des Raumschiffes") mit einer konstanten, gleichförmigen Geschwindigkeit v bewegt. In der Mitte des Raumschiffes werden von einer Vorrichtung gleichzeitig zwei kleine Kugeln k_1 und k_2 mit gleicher Geschwindigkeit v_k ($v_k > v$; $v_k \ll c$) abgeschossen. Die Kugel k_1 wird in die Bewegungsrichtung des Raumschiffes, die andere Kugel k_2 in die entgegengesetzte Richtung geschossen. Aus der Sicht eines Beobachters O_i (Index „i" steht für „innerhalb des Raumschiffes"), der im Raumschiff ruht, erreichen die Kugeln die vordere und die hintere Wand des Raumschiffs gleichzeitig. Wie sieht aber die Situation aus der Sicht des Beobachters O_a in relativer Bewegung zum Raumschiff aus? Während des Fluges von k_1 hat sich das Raumschiff nach vorne bewegt. Somit hat sich die vordere Wand von der Startposition von k_1 entfernt. Welche Kugel erreicht dann aus der Sicht von Beobachter O_a das Ziel zuerst?

Die richtige Antwort ist, dass auch für Beobachter O_a beide Kugeln ihre Ziele gleichzeitig erreichen, denn O_a misst für Kugel k_1 nicht nur eine längere Weglänge, sondern auch eine höhere Geschwindigkeit als für Kugel k_2: wegen der relativen Geschwindigkeit der Raumfähre, misst Beobachter O_a für die Kugeln k_1 und k_2 die Geschwindigkeiten $v_k + v$ bzw. $v_k - v$, im Einklang mit dem Additionstheorem der Geschwindigkeiten aus der Galilei-Transformation. Geschwindigkeiten und Längen kompensieren sich dann gegenseitig und somit sind die Laufzeiten der Geschosse gleich. Also, bei niedrigen Geschwindigkeiten ergibt sich für alle Beobachter eine Gleichzeitigkeit der Ereignisse.

Schauen wir aber was geschehen würde, wenn die Vorrichtung in der Mitte des Raumschiffes, anstatt der Kugeln, zwei Lichtquanten (oder Photonen) in entgegengesetzte Richtungen abstrahlen würde. Dabei nehmen wir für die Raumfähre eine viel höhere Geschwindigkeit v an, als im vorigen Beispiel. Analog zum Beispiel mit den Kugeln müsste Beobachter O_a für die Photonen die Geschwindigkeiten $c + v$, bzw. $c - v$ messen. Das ist aber nicht der Fall: So wie es durch Experimente bestätigt wird, misst Beobachter O_a, wie O_i auch, exakt den gleichen Wert $c \cong 300000\ Km/s$ für die Geschwindigkeiten der Photonen in beiden Richtungen. Damit wird das Versagen der Galilei-Transformation offensichtlich und die Notwendigkeit einer neuen Transformation für Raum und Zeit erkennbar: eine Transformation wird benötigt, welche die Invarianz der Lichtgeschwindigkeit mitberücksichtigt.

Jetzt sollte klar sein, was unter den Begriff „Konstanz der Lichtgeschwindigkeit in relativistischem Sinn" gemeint wird: anders als die Geschwindigkeit Massenhafter Körper, ist die Geschwindigkeit des Lichtes aus der Sicht aller Beobachter gleich, unabhängig von ihrer relativen Bewegung zur Lichtquelle und zueinander. Das führt in unserem Fall zur folgenden Konsequenz: für Beobachter O_i erreichen beide Photonen die Wände der Raumfähre gleichzeitig. Für Beobachter O_a, erreicht das in Fahrrichtung abgestrahlte Photon das Ziel später, weil es, bei gleicher Geschwindigkeit c, einen längeren Weg zurücklegen muss als das andere Photon. Also, eine Simultanität der Ereignisse für beide Beobachter ist nicht mehr gegeben. In Fällen wie diesem, spricht man von einer Relativität der Gleichzeitigkeit. Dabei erkennt der Physiker, dass das Konzept einer für alle Beobachter gleich fließenden Zeit, wie es sich Newton vorgestellt hatte, keinen Sinn mehr macht.

Noch am Ende des neunzehnten Jahrhunderts waren die Physiker mit dem Konzept einer absoluten Zeit und eines absoluten Raumes fest vertraut.

Als Michelson und Morley 1887 die Ergebnisse ihrer Experimente bekannt gaben, wurden die Wissenschaftler daher weltweit mit einer großen Überraschung konfrontiert: Die experimentellen Beobachtungen standen in Konflikt mit den Grundsätzen der Mechanik, denn es wurde mit dem Versuch am Interferometer von Michelson nachgewiesen, dass die Lichtgeschwindigkeit im Vakuum immer konstant ist, unabhängig vom Ruhe- oder Bewegungszustand der Lichtquelle.

Aus dieser Erkenntnis entstand der Bedarf, dem Naturphänomen der Konstanz der Lichtgeschwindigkeit das Attribut eines fundamentalen physikalischen Postulats zu verleihen.

Andererseits waren die Physiker der Ansicht, dass dieses Postulat nicht im Einklang mit den Gesetzen Newtons stünde. Als Konsequenz dieser Überzeugung verzichteten sie auf einen Erklärungsversuch der Konstanz der Lichtgeschwindigkeit auf Basis der Newtonschen Mechanik im Rahmen der Gesetze der klassischen Physik.

Die Wissenschaftler kamen vielmehr zu der Überzeugung, dass es notwendig sei, eine neue physikalische Theorie zu entwickeln.

Die Entstehung der Relativitätstheorie ist deshalb eng verbunden mit der vorausgesetzten Unvereinbarkeit der Newtonschen Mechanik mit dem Naturphänomen der Konstanz der Lichtgeschwindigkeit.

Wir sind jedoch nun in der Lage die Konstanz der Lichtgeschwindigkeit für beliebige Relativgeschwindigkeiten mittels der im 11. Kapitel durchgeführten Herleitung der Geschwindigkeitsaddition theoretisch herzuleiten.

Zur besseren Übersicht wird hier noch einmal eine kurze Zusammenfassung des gesamten Weges gegeben, der zur Herleitung des Additionstheorems der Geschwindigkeiten geführt hat:

- Die Relation der Geschwindigkeitsaddition (11.6) wurde durch die Anwendung der Erhaltungssätze auf den Zusammenstoß zweier Teilchen hergeleitet.

- Für die Energiebilanz wurden die gesamten Energien der Teilchen, d.h. die Summen aus ihrer kinetischen und inneren Energie, verwendet.

- Die Formel für die gesamte Energie eines Teilchens (7.5) wurde im siebten Kapitel durch die Verwendung der Relation (5.4) hergeleitet, welche die Abhängigkeit der Masse von der Geschwindigkeit ausdrückt.

- Im fünften Kapitel wurde aber andererseits gezeigt, dass die Relation der Abhängigkeit der Masse von der Geschwindigkeit (5.4) eine direkte Folge des zweiten Gesetzes der Dynamik und des Äquivalenzprinzips von Energie und Masse ist.

- Das Äquivalenzprinzip Energie-Masse wurde schließlich in den Kapiteln 3 und 4 unter ausschließlicher Verwendung der klassischen Physik hergeleitet.

Die Schlussfolgerung dieser Argumentation ist, dass in dieser Arbeit der Beweis des Additionstheorems der Geschwindigkeiten ohne den Gebrauch des Postulats der Konstanz der Lichtgeschwindigkeit erbracht wurde.

Theoretischer Nachweis der Konstanz der Lichtgeschwindigkeit

An dieser Stelle versetzt uns nun das Additionstheorem der Geschwindigkeiten (Relation 11.6) in die Lage, das Prinzip der Konstanz der Lichtgeschwindigkeit rein theoretisch herleiten zu können.

Zu diesem Zweck nehmen wir eine Lichtquelle an, die sich relativ zu einem Beobachter bewegt. Dieser kann die Gleichung (11.6) verwenden …

$$v_{12} = \frac{v_1 + v_2}{1 + \frac{v_1 v_2}{c^2}} \qquad (11.6)$$

… um die relative Geschwindigkeit v_l des ausgestrahlten Lichtes zu berechnen: Wenn v_1 durch die Geschwindigkeit c des Lichtes aus einer ruhenden Lichtquelle und v_2 durch die Geschwindigkeit v_q der Lichtquelle ersetzt werden, ergibt sich dann:

$$v_l = \frac{c + v_q}{1 + \frac{c v_q}{c^2}} \qquad \Rightarrow$$

$$v_l = \frac{c + v_q}{\dfrac{c + v_q}{c}} \qquad\qquad (14.1)$$

Es lässt sich nun leicht zeigen, dass die Gleichung (14.1) für jede beliebige Geschwindigkeit v_q der Lichtquelle immer die Lösung $v_l = c$ annimmt.

Dies weist nach, dass die Lichtgeschwindigkeit in jedem gleichförmig bewegten Bezugssystem, unabhängig von dessen Bewegungszustand, immer die gleiche ist.

Bei genauer Betrachtung der gesamten Vorgehensweise, die zu diesem Beweis führte, lässt sich feststellen, dass:

Die Konstanz der Lichtgeschwindigkeit für beliebige Relativgeschwindigkeiten zwischen Lichtquelle und Empfänger kann rein theoretisch, d.h. auch ohne den Einsatz von Experimenten aber zur Bestätigung dieser, nachgewiesen werden.

Durch die Verwendung des Additionstheorems der Geschwindigkeiten lässt sich das Prinzip der Konstanz der Lichtgeschwindigkeit theoretisch herleiten. Aus dieser Sicht betrachtet, ist der Satz der Konstanz der Lichtgeschwindigkeit kein Postulat, sondern ein durch die Gesetze der Physik beweisbares Prinzip.

15 Die Lorentz-Transformation und ihre Anwendung

Mit den Koordinatentransformationen von Lorentz, die wir in Kapitel 13 auf der Grundlage des Energieerhaltungssatzes und ohne das Postulat der Konstanz der Lichtgeschwindigkeit abgeleitet haben, sind wir nun in der Lage, einige wichtige physikalische Anwendungen bei hohen Geschwindigkeiten zu lösen und deren Ergebnisse zu diskutieren.

Wir betrachten einen Beobachter O, der sich im Ursprung eines eindimensionalen Inertialsystems befindet, das durch die Koordinate x gekennzeichnet ist. Ein zweiter Beobachter O' bewege sich entlang der X-Achse mit der konstanten Geschwindigkeit v.

Unter der Voraussetzung, dass für die Zeit $t = 0$ die Positionen der Beobachter O und O' übereinstimmen, gelten folgende nach Lorentz genannte Transformationen:

$$x' = \frac{x - vt}{\sqrt{1 - \frac{v^2}{c^2}}} \quad (15.1) \quad und \quad t' = \frac{t - \frac{xv}{c^2}}{\sqrt{1 - \frac{v^2}{c^2}}} \quad (15.2)$$

In (15.1) und (15.2) liefern x' und t' die Messwerte für die Position und die Zeit eines Punktes **P** aus der Sicht des Beobachters O'. Sie werden in Abhängigkeit von den Messwerten der Position x und der Zeit t ausgedrückt, die vom Beobachter O für den gleichen Punkt gemessen werden.

Löst man (15.1) und (15.2) nach x und t auf, so ergibt sich:

$$x = \frac{x' + vt'}{\sqrt{1 - \frac{v^2}{c^2}}} \quad (15.3) \quad und \quad t = \frac{t' + \frac{x'v}{c^2}}{\sqrt{1 - \frac{v^2}{c^2}}} \quad (15.4)$$

Analog gilt nun: In (15.3) und (15.4) ergeben x und t die Messwerte für die Position und die Zeit eines Punktes **P** aus der Sicht des Beobachters O. Sie werden in Abhängigkeit von der Position x' und der Zeit t' ausgedrückt, die von Beobachter O' für den gleichen Punkt gemessen werden.

Es ist wichtig zu bemerken, dass der Punkt **P** nicht in einem der beiden Bezugssysteme ruhen muss. Folglich, kann sowohl x als auch x' zeitabhängig sein. Da in dieser Abhandlung nur gleichförmige Bewegungen betrachtet werden, ziehen wir nur folgende zeitliche Abhängigkeiten von x und x' in Betracht:

$$x = x_0 + v_p t \quad (15.5) \qquad und \quad x' = x'_0 + v'_p t' \quad (15.6)$$

mit den Parametern:

v_p ist die Geschwindigkeit von **P** in O.

x_0 ist die Position zum Zeitpunkt $t = 0$ von **P** in O.

v'_p ist die Geschwindigkeit von **P** in O'.

x'_0 ist die Position zum Zeitpunkt $t' = 0$ von **P** in O'.

Aus (15.1) und (15.3) ergibt sich, dass wenn $x_0 = 0$, dann auch $x'_0 = 0$ und umgekehrt.

Ferner gilt, wenn $v'_p = 0$ ist, dann ist $v_p = v$ und wenn $v_p = 0$ ist, dann ist $v'_p = -v$ und umgekehrt.

Zusammen gefasst gilt:

$$x_0 = 0 \quad \Leftrightarrow \quad x'_0 = 0 \quad (15.7)$$

$$v'_p = 0 \quad \Rightarrow \quad v_p = v \quad (15.8)$$

$$v_p = 0 \quad \Rightarrow \quad v'_p = -v \quad (15.9)$$

Es folgen Anwendungsbeispiele der Lorentz-Transformation.

1) Zeit eines Punktes, der in Bezugssystem O ruht - Keine absolute Zeit

Ein Punkt P ruht im Bezugssystem O $(v_p = 0)$ bei den Koordinaten $x = x_0$ und $t = 0$.

Wir erhalten aus Relation (15.2):

$$t' = \frac{-\dfrac{x_0 v}{c^2}}{\sqrt{1 - \dfrac{v^2}{c^2}}}$$

Für $x_0 > 0$ und $v > 0$ gilt: $t' < 0$.

Also, während Beobachter O für den Punkt x_0 die Zeit $t = 0$ misst, sieht Beobachter O' für den gleichen Punkt eine Zeit, die bereits in der Vergangenheit liegt.

2) Länge eines im Bezugssystem O' ruhenden Stabs - Längenkontraktion

Ein Stab ruht im Bezugssystem des Beobachters O' und hat die Länge l'. Die Stabenden haben die Koordinaten $x_1 = 0$ und $x_2 = l$ zum Zeitpunkt des Beobachters O bei $t = 0$.

Aus Relation (15.1) ergibt sich für die Stabenden in Bezugssystem O':

$$x_1' = 0 \; ; \; x_2' = \frac{l}{\sqrt{1 - \dfrac{v^2}{c^2}}} \qquad \Rightarrow$$

$$x_2' - x_1' = l' = \frac{l}{\sqrt{1 - \dfrac{v^2}{c^2}}} \quad \Rightarrow$$

Für die Stablänge in Bezugssystem O gilt:

$$l = l' \sqrt{1 - \frac{v^2}{c^2}}$$

Beobachter O nimmt eine Längenkontraktion für den im Bezugssystem des Beobachters O' ruhenden Stab wahr.

3) Eigenzeit t' des Beobachters O' - Zeitdilatation

Für den Beobachters O' gilt in Bezugssystem O: $x_0 = 0$ und $v_p = v$. Aus (15.5) folgt: $x = vt$. In (15.2) eingesetzt ergibt sich:

$$t' = \frac{t - \dfrac{tv^2}{c^2}}{\sqrt{1 - \dfrac{v^2}{c^2}}} \quad \Rightarrow \quad t' = t \sqrt{1 - \frac{v^2}{c^2}} \quad \Rightarrow \quad t = \frac{t'}{\sqrt{1 - \dfrac{v^2}{c^2}}}$$

O nimmt gegenüber O' eine Zeitdilatation wahr. Mit anderen Worten: Die im System O' vergehenden Zeitintervalle erscheinen im System O verlängert.

4) Photon startet im Bezugssystem O' bei $t' = 0$, $x_0' = 0$ - Konstanz der Lichtgeschwindigkeit

Mit $x_0' = 0$ und $v_p' = c$ folgt aus (15.6): $x' = ct'$. Dies in (15.3) und (15.4) eingesetzt führt zu:

$$x = \frac{ct' + vt'}{\sqrt{1 - \frac{v^2}{c^2}}} \qquad und \qquad t = \frac{t' + \frac{ct'v}{c^2}}{\sqrt{1 - \frac{v^2}{c^2}}}$$

Da für $x_0' = 0$ auch $x_0 = 0$ gilt, folgt aus (15.5) für die Geschwindigkeit des Photons in Bezugssystem O:

$$v_p = \frac{x}{t} \quad \Rightarrow \quad v_p = \frac{t'(c + v)}{t'(1 + \frac{v}{c})} \quad \Rightarrow \quad v_p = c$$

Trotz der Relativgeschwindigkeit v zwischen den Bezugssystemen messen beide Beobachter O und O' aus ihrer Perspektive, dass sich das Photon mit der gleichen Geschwindigkeit c bewegt.

5) Beweglicher Punkt im Bezugssystem O' - Geschwindigkeitsaddition

Ein Punkt bewegt sich im Bezugssystem O' mit konstanter Geschwindigkeit v_p' und besitzt für $t' = 0$ die Position $x' = 0$. Aus (15.6) folgt: $x_0' = 0$ und konsequenterweise $x_0 = 0$. Die Relationen (15.5) und (15.6) reduzieren sich auf:

$$x = v_p t \qquad und \qquad x' = v_p' t'$$

Diese werden nun in (15.3) und (15.4) eingesetzt:

$$v_p t = \frac{v_p' t' + vt'}{\sqrt{1 - \frac{v^2}{c^2}}} \quad (a) \qquad und \qquad t = \frac{t' + \frac{v_p' v t'}{c^2}}{\sqrt{1 - \frac{v^2}{c^2}}} \quad (b)$$

Aus (b) ergibt sich:

$$t' = \frac{t\sqrt{1 - \dfrac{v^2}{c^2}}}{1 + \dfrac{v'_p v}{c^2}}$$

Und in (a) eingesetzt erhalten wir:

$$v_p = \frac{v'_p + v}{1 + \dfrac{v'_p v}{c^2}} \qquad (c)$$

Gleichung (c) steht für die relativistische Geschwindigkeitsaddition.

6) Zwei Photonen erreichen zur gleichen Zeit Beobachter O'. Ist dies auch aus der Sicht von O der Fall ? - Gleichzeitigkeit

Zwei Photonen starten im Bezugssystem O' zu der Zeit $t' = 0$ aus den Positionen $-x'_0$ und x'_0 in Richtung O'. Aus (15.6) gilt für das erste und für das zweite Photon:

$$x'_1 = -x'_0 + ct' \quad und \quad x'_2 = x'_0 - ct'$$

Die beiden Photonen erreichen gleichzeitig die Position des Beobachters O' bei $x' = 0$ nach der Zeit $t' = \dfrac{x'_0}{c}$.

Die Startzeit der Photonen kann aus der Sicht des Beobachters O durch Relation (15.4) berechnet werden.

Am Startpunkt ergibt sich für das erste Photon: $t' = 0$ und $x' = -x'_0$.

Aus (15.4) folgt:

$$t_{01} = \frac{\dfrac{-x_0' v}{c^2}}{\sqrt{1 - \dfrac{v^2}{c^2}}}$$

Am Startpunkt ergibt sich für das zweite Photon: $t' = 0$ und $x' = x_0'$.

Aus (15.4) folgt:

$$t_{02} = \frac{\dfrac{x_0' v}{c^2}}{\sqrt{1 - \dfrac{v^2}{c^2}}}$$

Man sieht: für Beobachter O starten die Photonen nicht gleichzeitig. Das erste Photon startet früher.

Zu welchem Zeitpunkt erreichen nun die Photonen aus Sicht des Beobachters O die Position des Beobachters O'?

Wir haben gesehen, dass für das erste und für das zweite Photon folgendes gilt:

$$x_1' = -x_0' + ct' \quad und \quad x_2' = x_0' - ct'$$

In (15.4) eingesetzt, erhalten wir für die Zeiten der beiden Photonen:

$$t_1 = \frac{t' + \dfrac{(-x_0' + ct')v}{c^2}}{\sqrt{1 - \dfrac{v^2}{c^2}}} \quad und \quad t_2 = \frac{t' + \dfrac{(x_0' - ct')v}{c^2}}{\sqrt{1 - \dfrac{v^2}{c^2}}}$$

Da es die Zeit $t' = {x_0'}/{c}$ ist, die für beide Photonen im Bezugssystem O' verstreicht, ergibt sich:

$$t_1 = t_2 = \frac{x_0'}{c\sqrt{1 - \dfrac{v^2}{c^2}}} = \frac{x_0'}{\sqrt{c^2 - v^2}}$$

Die Photonen erreichen also auch für Beobachters O die Position des Beobachters O' gleichzeitig.

Für Beobachters O bewegt sich Beobachter O' mit der Geschwindigkeit v. Deswegen muss das erste Photon bis zum Beobachter O' eine längere Strecke als das zweite zurücklegen bei gleicher Geschwindigkeit c. Trotzdem erreichen die Photonen den Beobachter O' gleichzeitig, weil aus der Sicht des Beobachters O das erste Photon früher startet als das zweite.

16 Geschwindigkeitsabhängigkeit der Frequenz

Der relativistische Dopplereffekt spielt in der etablierten Herleitung der Relativitätstheorie eine Schlüsselrolle.

In der Tat hat Einstein - nachdem er ihn aus den Gesetzen der Elektrodynamik abgeleitet hatte - dieses Prinzip in seiner vierten Arbeit von 1905 verwendet, um die Hypothese der Abhängigkeit der Trägheit von Körpern von ihrem Energiegehalt zu stützen.

In diesem Kapitel werden wir sehen, wie ein einfacher Nachweis des relativistischen Dopplereffekts durch die Anwendung der Grundsätze der Energie- und Impulserhaltung auf den physikalischen Prozess der Paarvernichtung erfolgen kann.

Hierfür beziehen wir uns erneut auf die Phasen II und III des im vierten Kapitel betrachteten physikalischen Vorgangs, bei der die Annihilation eines Teilchens und die darauffolgende Emission von zwei Photonen beschrieben werden.

II. Phase   III. Phase

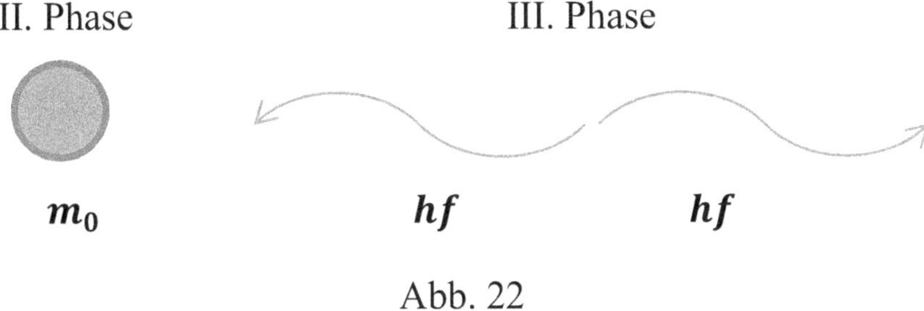

Abb. 22

Wir nehmen einen Beobachter an, der sich relativ zum Teilchen in die gleiche Richtung eines Photons mit einer niedrigen Geschwindigkeit bewegt.

Wie bereits im dritten Kapitel festgestellt wurde, wenn seine Geschwindigkeit erheblich niedriger ist als die des Lichts, wird er dann, wegen des optischen Dopplereffekts, folgende Frequenzverschiebung messen:

$$f' = f\left(1 \pm \frac{v}{c}\right) \qquad\qquad (16.1)$$

Ist die Geschwindigkeit des Beobachters jedoch nahe der des Lichtes, dann zeigt sich, dass der Ausdruck (16.1) nicht mehr korrekt ist.

Frequenzveränderung im allgemeinsten Fall

Um die Frequenzveränderung in Abhängigkeit von der Geschwindigkeit im allgemeinen Fall zu berechnen, werden wir deswegen den Energie- und Impulserhaltungssatz auf die Phasen II und III der beschriebenen Naturerscheinung anwenden. Da sich die gesamte Masse des Teilchens in die Energie der Photonen umwandelt, gilt:

$$m_0 c^2 = 2hf \qquad\qquad (16.2)$$

Wenn f_1 und f_2 die vom Beobachter gemessenen Frequenzen in, bzw. entgegen der Bewegungsrichtung darstellen, kann wegen der Energieerhaltung vor und nach der Annihilation des Teilchens folgende Gleichung aufgestellt werden:

$$mc^2 = \frac{m_0 c^2}{\sqrt{1 - \dfrac{v^2}{c^2}}} = hf_1 + hf_2 \qquad\qquad (16.3)$$

Durch die Anwendung des Impulserhaltungssatzes ergibt sich außerdem:

$$mv = \frac{m_0 v}{\sqrt{1 - \dfrac{v^2}{c^2}}} = \frac{hf_1}{c} - \frac{hf_2}{c} \qquad\qquad (16.4)$$

Wenn der Ausdruck $2hf/c^2$ aus der Gleichung (16.2) in die Formeln (16.3) und (16.4) anstelle von m_0 eingesetzt wird, ergibt sich durch algebraische Vereinfachung folgendes Gleichungssystem:

$$
\begin{cases}
f_1 + f_2 = \dfrac{2f}{\sqrt{1 - \dfrac{v^2}{c^2}}} \\[3em]
f_1 - f_2 = \dfrac{2f\dfrac{v}{c}}{\sqrt{1 - \dfrac{v^2}{c^2}}}
\end{cases}
$$

Wenn nach f_1 und f_2 aufgelöst wird, dann erhalten wir:

$$
f_1 = f\,\frac{(1 + \frac{v}{c})}{\sqrt{1 - \dfrac{v^2}{c^2}}} \quad ; \quad f_2 = f\,\frac{(1 - \frac{v}{c})}{\sqrt{1 - \dfrac{v^2}{c^2}}}
$$

Oder auch in kompakter Form:

$$
f' = f\left(1 \pm \frac{v}{c}\right)\gamma \tag{16.5}
$$

Wobei γ den sogenannten Lorentzfaktor darstellt. Dabei ist zu bemerken, dass die Relationen (16.1) und (16.5) bis auf diesen Faktor identisch sind, und dass die klassische Formel (16.1) einen Grenzfall der relativistischen Relation (16.5) für $v \ll c$ darstellt (und konsequenterweise für $\gamma = 1$).

Durch einfache algebraische Umformungen ergeben sich schließlich für die Frequenzverschiebung in, bzw. entgegen der Bewegungsrichtung in Abhängigkeit von der Geschwindigkeit folgende Ausdrücke:

$$
f_1 = f\sqrt{\frac{c + v}{c - v}} \quad ; \quad f_2 = f\sqrt{\frac{c - v}{c + v}} \tag{16.6}
$$

Die Gleichungen (16.6) stimmen mit denen überein, die für den optischen Dopplereffekt mit der etablierten Demonstrationsmethode der Speziellen Relativitätstheorie abgeleitet wurden.

Klassischer und relativistischer Dopplereffekt im Vergleich

In den Abbildungen 23 und 24 zeigt die violette Kurve den klassischen Verlauf und die grüne Kurve den relativistischen Verlauf der Frequenzverschiebung.

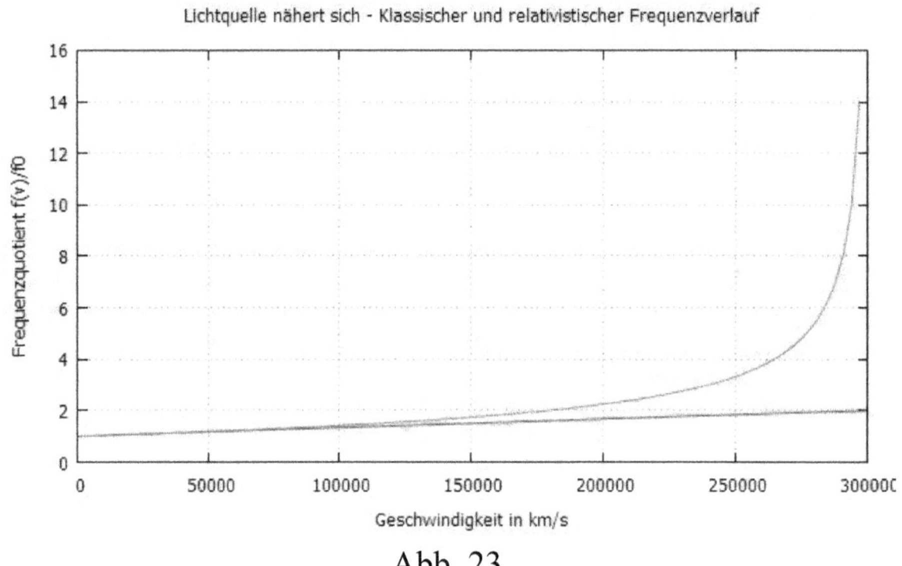

Abb. 23

Nach der klassischen Formel der Frequenzverschiebung (16.1) für eine Lichtquelle, die sich dem Beobachter nähert (Abb. 23), kann sich die Frequenz bis zur Lichtgeschwindigkeit maximal verdoppeln, während nach der relativistischen Formel (16.6), für hohe Geschwindigkeiten der Lichtquelle, die Frequenz gegen Unendlich strebt.

Wenn stattdessen sich die Lichtquelle vom Beobachter entfernt, ist die Abweichung zwischen den Verläufen der Formel (16.1) und (16.6) nicht mehr so relevant (Abb. 24).

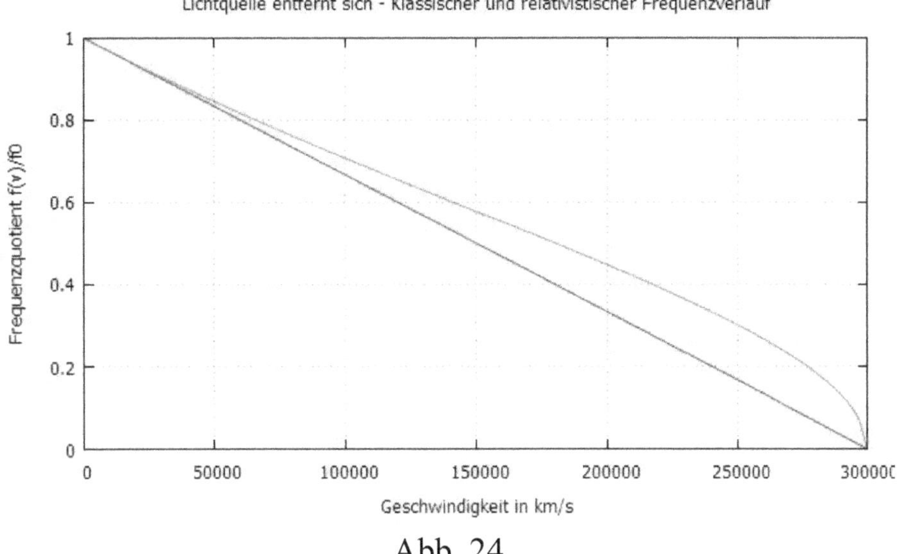

Abb. 24

In diesem Fall ist es auch noch interessant zu bemerken, dass nicht nur die relativistische Relation (16.6), sondern auch schon die klassische (16.1) darauf hinweist, dass die Lichtgeschwindigkeit nicht überschritten werden kann, weil wir für die Gleichung $f' = f(1 - v/c)$, mit $v > c$ einen negativen und somit unzulässigen Wert der Frequenz erhalten.

Aus mathematischer Sicht besitzt die klassische Gleichung (16.1) allerdings nicht die Schärfe der relativistischen Relation (16.6), welche schon analytisch weder für $v > c$ noch für $v = c$ definiert ist.

Die Anwendung des Impuls- und Energieerhaltungssatzes auf die experimentelle Beobachtung der Elektron-Positron-Annihilation ermöglicht es, die Frequenzverschiebung der elektromagnetischen Strahlung in Abhängigkeit von der Geschwindigkeit der aussendenden Quelle zu ermitteln.

17 Geschwindigkeitsabhängigkeit der Beschleunigung

Im Kapitel 2 wurde schon darauf hingewiesen, dass das zweite Prinzip der Dynamik in Verbindung mit der relativistischen Massenformel (5.4) zur Relation der relativistischen Beschleunigung führt (siehe Anhang A II).

Zur Berechnung der Beschleunigung wird auch in diesem Abschnitt das zweite Gesetz der Dynamik verwendet, welches sich, wie im ersten Kapitel dargelegt wurde, im allgemeineren Fall durch folgende Relation ausdrücken lässt:

$$\vec{F} = \frac{d(m\vec{v})}{dt} \quad \Leftrightarrow \quad \vec{F} = \vec{v}\,\frac{dm}{dt} + m\,\frac{d\vec{v}}{dt} \qquad (17.1)$$

Zur Herleitung der Geschwindigkeitsabhängigkeit der Beschleunigung werden im Folgenden zwei Beweise vorgeführt:

Im ersten Beweis wird der Einfachheit halber der Fall betrachtet, bei dem sich ein physikalischer Körper in die gleiche Richtung der auf ihn wirkenden Kraft bewegt.

Bei diesem ersten Fall wird eine Herleitung vorgeführt, die auf einer rein skalaren Berechnung beruht und die dazu geeignet ist, die Bewegung von Teilchen in Linearbeschleunigern zu beschreiben.

Im zweiten Fall wird eine vektorielle Berechnung zur Herleitung der zwei Vektorkomponenten (longitudinale und transversale Komponente) der Beschleunigung betrachtet. Dieser zweite Beweis deckt die Situationen, bei denen sich ein physikalischer Körper nicht in die gleiche Richtung der auf ihn wirkenden Kraft bewegt, so wie es z.B. bei der Bewegung von Himmelskörpern vorkommt.

Beide Fälle eignen sich zu zeigen, dass das zweite Prinzip der Dynamik die grundlegende Relation zur Berechnung der relativistischen Beschleunigung darstellt.

Fall 1. Skalare Berechnung.

In dieser Herleitung werden wir uns nur auf geradlinige Bewegungen beschränken, bei denen, wie es in Linearbeschleunigern der Fall ist, der Weg der Teilchen in der gleichen Richtung der Kraft verläuft.

In diesem Fall lässt sich Relation (17.1) in skalarer Form verwenden:

$$F = v\frac{dm}{dt} + m\frac{dv}{dt} \qquad (17.2)$$

Da der Weg in die gleiche Richtung wie die Kraft verläuft, kann Relation (5.1) (siehe Kapitel 5) für die infinitesimale Arbeit verwendet werden:

$$Fds = c^2 dm \qquad (5.1)$$

Aus (5.1) folgt:

$$dm = \frac{Fvdt}{c^2} \qquad (17.3)$$

Es werden nun Relation (17.3) und die relativistische Massenformel $m = m_0/\sqrt{1 - v^2/c^2}$ in (17.2) eingesetzt und gekürzt:

$$F = \frac{v^2}{c^2}F + \frac{m_0}{\sqrt{1 - \dfrac{v^2}{c^2}}}\frac{dv}{dt}$$

Daraus folgt:

$$F = \frac{m_0 a}{\left(1 - \dfrac{v^2}{c^2}\right)^{\frac{3}{2}}} \qquad (17.4)$$

Aus Gleichung (17.4) lässt sich die Formel der geradlinigen Beschleunigung als Funktion der Geschwindigkeit ableiten:

$$a = \frac{F}{m_0}\left(1 - \frac{v^2}{c^2}\right)^{\frac{3}{2}} \qquad (17.5)$$

Man kann leicht feststellen, dass sich (17.5) zur skalaren Form der Relation (1.1) vereinfachen lässt, wenn $v \ll c$ ist.

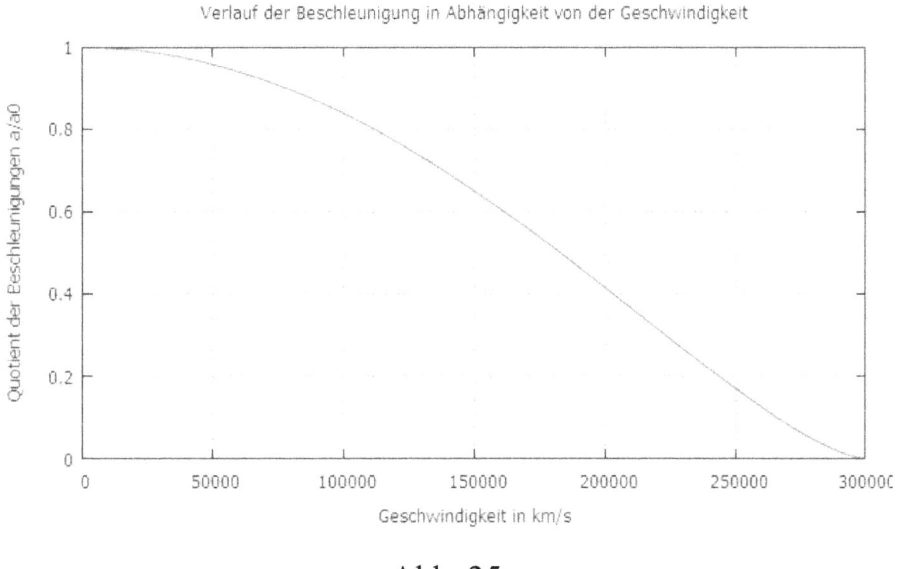

Abb. 25

Gleichung (17.5) zeigt, dass bei konstanter Kraft und zunehmender Geschwindigkeit die Beschleunigung graduell abnimmt und in der Nähe der Lichtgeschwindigkeit gegen Null strebt (Abb. 25).

Dieses Ergebnis befindet sich in Übereinstimmung mit den experimentellen Beobachtungen, die z.B. in den Teilchenbeschleunigern gemacht werden können.

Es ist interessant zu bemerken, dass die Relation (17.5) auch aus der zur Berechnung der kinetischen Energie verwendeten Differentialgleichung (7.3) aus Kapitel 7 abgeleitet werden kann:

$$Fds = \frac{m_0 v}{\left(1 - \frac{v^2}{c^2}\right)^{\frac{3}{2}}} dv \qquad (7.3)$$

Man erhält die Relation (17.5) mit folgenden Schritten:

(i)   Ersetze in (6.3) die infinitesimale Wegstrecke ds durch das Produkt der Geschwindigkeit mit dem Differenzial der Zeit vdt

(ii)   ersetze das Differenzial der Geschwindigkeit dv durch das Produkt der Beschleunigung mit dem Differenzial der Zeit adt,

(iii)   kürze einmal und

(iv)   löse schließlich nach der Beschleunigung a hin auf.

Fall 2. Vektorielle Berechnung.

Falls der Weg nicht in die gleiche Richtung der Kraft verläuft, muss die Relation (5.1) für die infinitesimale Arbeit folgendermaßen geschrieben werden:

$$\vec{F} \cdot d\vec{s} = \vec{F} \cdot \vec{v}dt = c^2 dm \qquad (17.6)$$

Wobei $\vec{F} \cdot d\vec{s}$ das Skalarprodukt aus Kraft- und infinitesimalem Wegvektor darstellt.

Aus (17.6) folgt:

$$\frac{dm}{dt} = \frac{\vec{F} \cdot \vec{v}}{c^2} \qquad (17.7)$$

Es werden nun Relation (17.7) und die relativistische Massenformel $m = m_0/\sqrt{1 - v^2/c^2}$ in (17.1) eingesetzt und gekürzt:

$$\vec{F} = \frac{\vec{F} \cdot \vec{v}}{c^2}\vec{v} + \frac{m_0}{\sqrt{1 - \frac{v^2}{c^2}}}\frac{d\vec{v}}{dt} \qquad (17.8)$$

Bei der folgenden Vektorberechnung werden wir für alle Vektoren die parallele Komponente (longitudinale Komponente) und die senkrechte Komponente (transversale Komponente) zur Geschwindigkeit $\vec{v}$ verwenden:

$$\vec{F} = \begin{pmatrix} F_L \\ F_T \end{pmatrix}; \qquad \frac{d\vec{v}}{dt} = \vec{a} = \begin{pmatrix} a_L \\ a_T \end{pmatrix}; \qquad \vec{v} = \begin{pmatrix} v \\ 0 \end{pmatrix}$$

Gleichung (17.8) führt zu:

$$\begin{pmatrix} F_L \\ F_T \end{pmatrix} = \frac{1}{c^2}\left[\begin{pmatrix} F_L \\ F_T \end{pmatrix} \cdot \begin{pmatrix} v \\ 0 \end{pmatrix}\right]\begin{pmatrix} v \\ 0 \end{pmatrix} + \frac{m_0}{\sqrt{1 - \frac{v^2}{c^2}}}\begin{pmatrix} a_L \\ a_T \end{pmatrix} \qquad \Rightarrow$$

$$\begin{pmatrix} F_L \\ F_T \end{pmatrix} - \frac{F_L v}{c^2}\begin{pmatrix} v \\ 0 \end{pmatrix} = \frac{m_0}{\sqrt{1 - \frac{v^2}{c^2}}}\begin{pmatrix} a_L \\ a_T \end{pmatrix} \qquad \Rightarrow$$

Da F_L die gleiche Richtung von v hat, folgt:

$$\begin{pmatrix} F_L \\ F_T \end{pmatrix} - \frac{v^2}{c^2}\begin{pmatrix} F_L \\ 0 \end{pmatrix} = \frac{m_0}{\sqrt{1 - \frac{v^2}{c^2}}}\begin{pmatrix} a_L \\ a_T \end{pmatrix} \qquad \Rightarrow$$

$$\begin{pmatrix} (1 - \frac{v^2}{c^2})F_L \\ F_T \end{pmatrix} = \frac{m_0}{\sqrt{1 - \frac{v^2}{c^2}}}\begin{pmatrix} a_L \\ a_T \end{pmatrix} \qquad \Rightarrow$$

Daraus folgt für die longitudinale und für die transversale Komponente der Beschleunigung:

$$a_L = \frac{F_L}{m_0}\left(1 - \frac{v^2}{c^2}\right)^{\frac{3}{2}} \quad und \quad a_T = \frac{F_T}{m_0}\left(1 - \frac{v^2}{c^2}\right)^{\frac{1}{2}} \tag{17.9}$$

Abbildung 26 zeigt die Verläufe der longitudinalen und der transversalen Vektorkomponente der relativistischen Beschleunigung in Abhängigkeit von der Geschwindigkeit. Auch diese Relationen stimmen mit denen überein, die mit dem „mathematischen Formalismus der Relativitätstheorie" hergeleitet wurden.

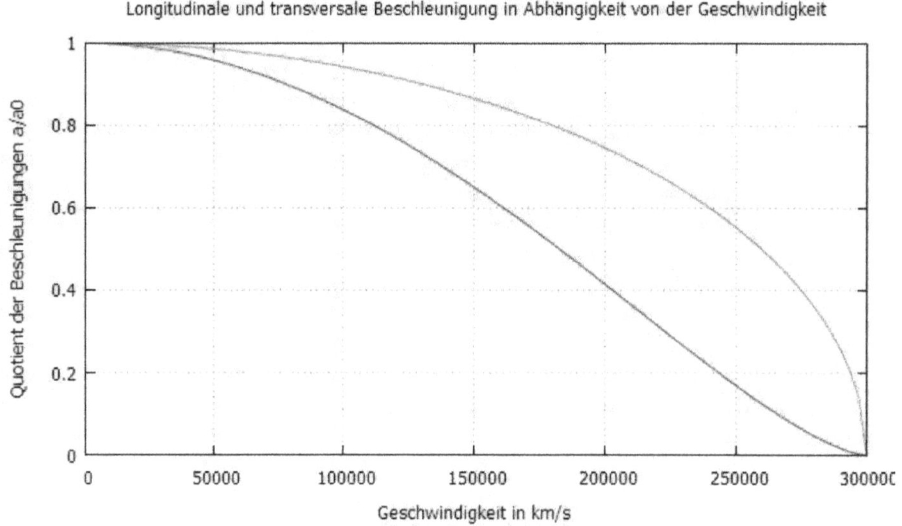

Abb. 26

Die Definition des zweiten Prinzips der Dynamik in seiner allgemeinen Form ermöglicht es, den Ausdruck der Beschleunigung in Abhängigkeit von der Geschwindigkeit abzuleiten. Der Verlauf der Kurven in den Abbildungen zeigt, dass für Geschwindigkeiten nahe an der Lichtgeschwindigkeit die Beschleunigung gegen Null strebt, so wie es auch durch experimentelle Beobachtungen bestätigt wird.

18 Addition orthogonaler Geschwindigkeiten

Mit der in dieser Arbeit verwendeten alternativen Ableitungsmethode haben wir uns bisher darauf beschränkt, bekannte relativistische Formeln zu beweisen und zu bestätigen. In diesem Kapitel wollen wir weiter gehen und zeigen, dass es mit der gleichen Methode möglich ist, noch nicht bekannte relativistische Beziehungen abzuleiten.

Mit Hilfe des Energieerhaltungssatzes wollen wir nun die Additionsformel für orthogonale Geschwindigkeiten herleiten, die beispielsweise für die Beantwortung der folgenden Probleme verwendet werden muss.

Betrachten wir das folgende astronomische Problem:

Eine Galaxie entfernt sich mit einer Geschwindigkeit, die 80% der Lichtgeschwindigkeit entspricht, in einer Richtung, die 45° zur Achse geneigt ist, die einen Beobachter mit dem Zentrum der Galaxie verbindet.

Ein Stern in der Galaxie bewegt sich mit der gleichen Geschwindigkeit, aber in einer Richtung orthogonal zu dieser, so dass die Resultierende der beiden Geschwindigkeiten die gleiche Richtung hat wie die Achse, die den Beobachter und die Galaxie verbindet.

Wir stellen uns die folgende Frage:

Wie schnell bewegt sich der Stern vom Beobachter weg?

In der klassischen Mechanik würde man in diesem Fall die Geschwindigkeit des Sterns durch Anwendung des Satzes von Pythagoras auf den Modul der zueinander orthogonalen Komponentenvektoren erhalten.

Dieser Wert der Geschwindigkeit wäre größer als die des Lichts, mit der Folge, dass der Stern nicht mehr sichtbar wäre.

Welchen Wert hätte aber die Geschwindigkeit des Sterns in Bezug auf den Beobachter nach der Speziellen Relativitätstheorie?

Um diese Frage zu beantworten, benötigen wir die relativistische Kompositionsformel für orthogonale Geschwindigkeiten, die wir in diesem Kapitel herleiten werden.

Betrachten wir den zentralen Zusammenstoß zwischen zwei Elektronen, die sich mit den gleichen Geschwindigkeiten v_x aufeinander zu bewegen, wie links in Abbildung 26 dargestellt.

Nehmen wir an, dass durch den Zusammenstoß ein neues Teilchen der Masse m_0 entsteht, das sich aus der Sicht eines Beobachters O im Ursprung eines mit ihm ruhenden Bezugssystems befindet.

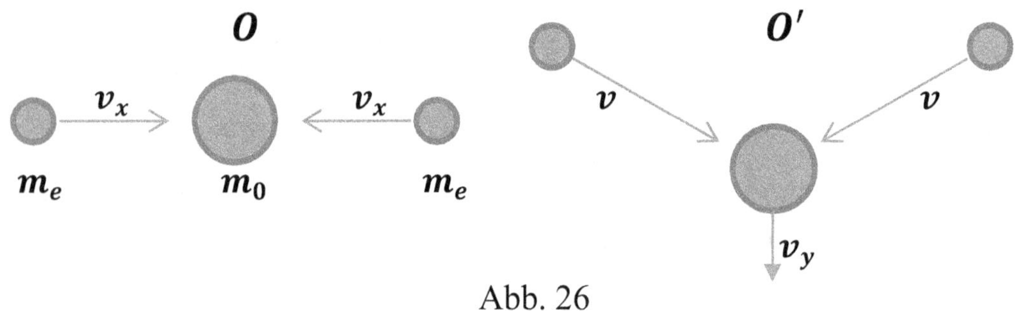

Abb. 26

Betrachten wir nun das gleiche ideale Experiment aus der Sicht eines zweiten Beobachters O', der sich mit der Geschwindigkeit v_y orthogonal zur Bewegungsrichtung der kollidierenden Elektronen nach oben bewegt (siehe Abbildung rechts).

Aus dem Blickwinkel von O ergibt sich aufgrund des Energieerhaltungssatzes folgendes (siehe Abbildung links), wobei m_{0e} die Ruhemasse des Elektrons ist:

$$m_0 c^2 = \frac{2 m_{0e} c^2}{\sqrt{1 - \dfrac{v_x^2}{c^2}}} \qquad (18.1)$$

Aus der Sicht des Beobachters O' bewegt sich das nach der Kollision entstandene Teilchen entlang der Y-Achse mit der Geschwindigkeit v_y nach unten (siehe rechte Seite der Abbildung) und ergibt sich damit für ihn:

$$\frac{m_0 c^2}{\sqrt{1 - \dfrac{v_y^2}{c^2}}} = \frac{2 m_{0e} c^2}{\sqrt{1 - \dfrac{v^2}{c^2}}} \qquad (18.2)$$

Setzt man die Gleichung (18.1) in die Beziehung (18.2) ein, so erhält man:

$$\frac{2 m_{0e} c^2}{\sqrt{1 - \dfrac{v_x^2}{c^2}}\sqrt{1 - \dfrac{v_y^2}{c^2}}} = \frac{2 m_{0e} c^2}{\sqrt{1 - \dfrac{v^2}{c^2}}} \qquad \Rightarrow$$

$$\left(1 - \frac{v_x^2}{c^2}\right)\left(1 - \frac{v_y^2}{c^2}\right) = 1 - \frac{v^2}{c^2} \qquad \Rightarrow$$

$$1 - \frac{v_x^2}{c^2} - \frac{v_y^2}{c^2} + \frac{v_x^2 v_y^2}{c^4} = 1 - \frac{v^2}{c^2}$$

Daraus folgt:

$$v^2 = v_x^2 + v_y^2 - \frac{v_x^2 v_y^2}{c^2} \qquad (18.3)$$

Die Beziehung (18.3) drückt das relativistische Kompositionstheorem für orthogonale Geschwindigkeiten aus.

Es ist leicht zu erkennen, dass sich die Beziehung (18.3) für $v_x \ll c$ und $v_y \ll c$ auf $v^2 = v_x^2 + v_y^2$ reduziert, wie es bekanntlich für die Addition orthogonaler Vektoren gilt.

Wenn eine oder beide Komponenten gleich c sind, lautet das Ergebnis: v=c.

Für andere beliebige Werte von v_x und v_y überschreitet v gemäß der Beziehung (18.3) in keinem Fall die Lichtgeschwindigkeit, wie es die Relativitätstheorie erwarten lässt. Für diese letzte Aussage führen wir einen „Beweis durch Widerspruch" an.

Reductio ad absurdum

Wir verwenden den absoluten Wert 1 für die Lichtgeschwindigkeit und nehmen wir absurderweise an, dass:

$$v_x^2 + v_y^2 - v_x^2 v_y^2 > 1 \quad \Rightarrow$$

$$v_x^2 + v_y^2 - v_x^2 v_y^2 - 1 > 0 \quad \Rightarrow$$

$$v_x^2\left(1 - v_y^2\right) - \left(1 - v_y^2\right) > 0 \quad \Rightarrow$$

$$\left(1 - v_y^2\right)\left(1 - v_x^2\right) < 0$$

Da v_y^2 und v_x^2 kleiner als 1 sind, wird diese letzte Ungleichung nie erfüllt. So wie es zu beweisen war.

Mir ist nicht bekannt, ob die Beziehung (18.3) im Zusammenhang mit der etablierten Herleitungsmethode der Relativitätstheorie bekannt ist.

Verwenden wir nun die Beziehung (18.3), um das astronomische Problem zu lösen, das wir zu Beginn des Kapitels gestellt haben.

Wenn wir den absoluten Wert 1 für die Lichtgeschwindigkeit verwenden, erhalten wir:

$$v^2 = 0.8^2 + 0.8^2 - 0.8^4$$

Daraus erhalten wir: $v \cong 0.933$.

Aus Formel (18.3) können wir die Formel für die relativistische Addition von drei orthogonalen Geschwindigkeiten ableiten.

Angenommen, v_1, v_2 und v_3 sind die Moduli von drei zueinander orthogonalen Geschwindigkeiten, aus denen die resultierende Geschwindigkeit berechnen werden soll.

In einem ersten Schritt der Demonstration berechnen wir die Resultierende v_{12} der Geschwindigkeiten v_1 und v_2 mit der Formel (18.3):

$$v_{12}^2 = v_1^2 + v_2^2 - \frac{v_1^2 v_2^2}{c^2} \qquad (18.4)$$

Da die Geschwindigkeit v_3 selbst orthogonal zu v_{12} ist, ergibt die Addition dieser beiden Geschwindigkeiten mit (18.3) die Resultierende v_{123} aus den drei Geschwindigkeiten v_1, v_2 und v_3:

$$v_{123}^2 = v_{12}^2 + v_3^2 - \frac{v_{12}^2 v_3^2}{c^2} \qquad (18.5)$$

Setzt man v_{12}^2 in (18.5) anstelle des Ergebnisses von (18.4) ein, so erhält man nach Vereinfachung:

$$v_{123}^2 = v_1^2 + v_2^2 + v_3^2 - \frac{v_1^2 v_2^2}{c^2} - \frac{v_1^2 v_3^2}{c^2} - \frac{v_2^2 v_3^2}{c^2} + \frac{v_1^2 v_2^2 v_3^2}{c^4} \qquad (18.6)$$

Der letztgenannte Ausdruck stellt die relativistische Addition für orthogonale Geschwindigkeiten in 3D dar. Es ist leicht zu erkennen, dass (18.6) die gleiche Form wie (18.3) hat, wenn eine der Geschwindigkeiten gleich Null ist.

Wenn eine, zwei oder alle Geschwindigkeiten gleich der Lichtgeschwindigkeit c sind, dann folgt daraus, dass die Resultierende v_{123} ebenfalls gleich c ist, und dies ist auch der maximale Wert, den sie annehmen kann.

Zusammenfassung

Die alternativen Herleitungen von Einstein und Rohrlich zeigen, dass die berühmte Formel $E = mc^2$, die gewöhnlich für eine relativistische Gleichung gehalten wird, in Wirklichkeit eine einfache Konsequenz der Wechselwirkung zwischen elektromagnetischer Strahlung und Materie ist.

So abgeleitet liefert das Äquivalenzprinzip von Energie und Masse der Newtonschen Mechanik die fehlende Relation, welche die Integration der Differentialgleichung aus dem zweiten Gesetz der Dynamik in ihrer allgemeineren Form ermöglicht:

$$\begin{cases} dE = v^2 dm + mv\,dv \\ dE = c^2 dm \end{cases} \Rightarrow$$

$$c^2 dm = v^2 dm + mv\,dv \qquad (5.2)$$

Durch die Integration von (5.2) ergibt sich dann die erste wichtige Beziehung für die träge Masse eines Körpers in Abhängigkeit von der Geschwindigkeit:

$$m = \frac{m_0}{\sqrt{1 - \dfrac{v^2}{c^2}}} \qquad (5.4)$$

Durch die Verwendung dieser Relation und der Erhaltungssätze der Energie und des Impulses, und ohne den Gebrauch von auf relativistischen Axiomen basierenden Hypothesen, gelingt es sukzessiv andere wichtige Formeln herzuleiten, die der Relativitätstheorie zugeschrieben werden:

- Den Ausdruck der kinetischen Energie im allgemeineren Fall:

$$E_k = \frac{m_0 c^2}{\sqrt{1 - \dfrac{v^2}{c^2}}} - m_0 c^2 \qquad (7.4)$$

- Die Gleichung der gesamten Energie der Punktmasse:

$$mc^2 = \frac{m_0 c^2}{\sqrt{1 - \dfrac{v^2}{c^2}}} = E_k + m_0 c^2 \qquad (6.5)$$

- Die durch das sogenannte E-p-m Dreieck veranschaulichte Beziehung zwischen Energie, Masse und Impuls:

$$E = mc^2 = c\sqrt{p^2 + m_0^2 c^2} \qquad (7.1)$$

- Das relativistische Additionstheorem der Geschwindigkeiten:

$$v_{12} = \frac{v_1 + v_2}{1 + \dfrac{v_1 v_2}{c^2}} \qquad (11.6)$$

- Die relativistische Längenkontraktion und Zeitdilatation in Abhängigkeit von der Geschwindigkeit:

$$l' = l\sqrt{1 - \frac{v^2}{c^2}} \quad (12.6) \qquad t' = \frac{t}{\sqrt{1 - \dfrac{v^2}{c^2}}} \quad (12.7)$$

- Die alternative Herleitung der Lorentz-Transformation für Raum und Zeit:

$$x' = \frac{x - vt}{\sqrt{1 - \dfrac{v^2}{c^2}}} \quad (13.4) \qquad t' = \frac{t - \dfrac{xv}{c^2}}{\sqrt{1 - \dfrac{v^2}{c^2}}} \quad (13.7)$$

- Die Unabhängigkeit der Lichtgeschwindigkeit v_l von der Relativgeschwindigkeit v_q zwischen emittierender Lichtquelle und Beobachter:

$$v_l = \frac{c + v_q}{1 + \dfrac{v_q}{c}} = c \qquad (14.1)$$

- Die Frequenzverschiebung für elektromagnetische Wellen für beliebigen Geschwindigkeiten bei der Annäherung bzw. der Entfernung zwischen Lichtquelle und Beobachter:

$$f' = f\sqrt{\frac{c+v}{c-v}} \qquad f' = f\sqrt{\frac{c-v}{c+v}} \qquad (16.6)$$

- Die Relationen der longitudinalen und transversalen Komponente der relativistischen Beschleunigung in Abhängigkeit von der Geschwindigkeit:

$$a_L = \frac{F_L}{m_0}\left(1 - \frac{v^2}{c^2}\right)^{\frac{3}{2}} \quad und \quad a_T = \frac{F_T}{m_0}\left(1 - \frac{v^2}{c^2}\right)^{\frac{1}{2}} \qquad (17.9)$$

Alle diese Formeln stimmen mit denen, die durch die Axiome der Speziellen Relativitätstheorie bzw. durch die Verwendung der Lorentz-Transformationen hergeleitet wurden, überein.

Und nicht nur das. Mit der alternativen Ableitungsmethode, die in dieser Arbeit verwendet wird, ist es möglich, bisher nicht bekannte relativistische Beziehungen abzuleiten. Ein Beispiel dafür ist die Komposition von orthogonalen Geschwindigkeiten.

Für zwei Geschwindigkeiten:

$$v^2 = v_x^2 + v_y^2 - \frac{v_x^2 v_y^2}{c^2} \qquad (18.3)$$

Und für drei Geschwindigkeiten:

$$v_{123}^2 = v_1^2 + v_2^2 + v_3^2 - \frac{v_1^2 v_2^2}{c^2} - \frac{v_1^2 v_3^2}{c^2} - \frac{v_2^2 v_3^2}{c^2} + \frac{v_1^2 v_2^2 v_3^2}{c^4} \qquad (18.6)$$

Abschlusswort

Die in dieser Abhandlung untersuchten alternativen Herleitungen zeigen, wie, ausgehend von der klassischen Physik, die Ergebnisse der Relativitätstheorie bestätigt werden können. Indem mehrere Aussagen der Speziellen Relativitätstheorie hergeleitet werden, wird gezeigt, dass die Newtonsche Mechanik einen viel größeren Anwendungsbereich abdeckt, als normalerweise angenommen wird.

Das Äquivalenzprinzip von Energie und Masse -

Die Beziehung der Abhängigkeit der Masse von der Geschwindigkeit -

Die Gleichung der kinetischen und gesamten Energie der Punktmasse -

Das relativistische Dreieck, das die Beziehung zwischen Energie, Masse und Impuls eines Massepunktes geometrisch veranschaulicht -

Das Additionstheorem der Geschwindigkeiten -

Die Relationen der relativistischen Längenkontraktion und Zeitdilatation in Abhängigkeit von der Geschwindigkeit -

Die alternative Herleitung der Lorentz-Transformationen -

Die elektromagnetische Frequenzverschiebung für beliebige Geschwindigkeiten -

Die relativistische Beschleunigung in Abhängigkeit der Geschwindigkeit.

Diese Relationen werden in der Physikwelt für strikt relativistisch gehalten und daher nur durch die Lorentz-Transformation als beweisbar angesehen. Wie oben gezeigt, können sie aber auch, ausgehend von der klassischen Physik, durch die Anwendung des zweiten Gesetzes der Dynamik von Newton, des Äquivalenzprinzip von Energie-Masse und der Erhaltungssätze der Energie und des Impulses, abgeleitet werden.

Beispiele

I. Beispiel – Anwendung der Erhaltungssätze auf die elektromagnetische Absorption

Abbildung I. zeigt einen Körper der Masse m_0, der zu einem bestimmten Zeitpunkt ein Photon der Frequenz f absorbiert.

Wegen der Absorption wechselt der Körper vom Ruhe- zum Bewegungszustand mit der Geschwindigkeit v.

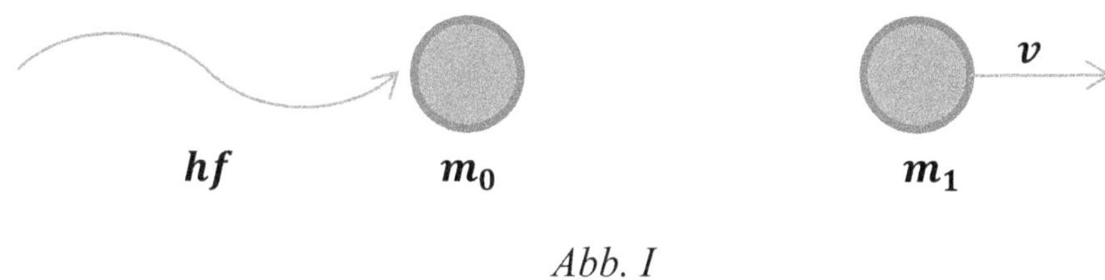

Abb. I

Durch die Anwendung der Erhaltungssätze vor und nach der Absorption stellen wir fest:

Für den Impuls:

$$\frac{hf}{c} = m_1 v \qquad\qquad (I.1)$$

Für die Energie:

$$m_0 c^2 + hf = m_1 c^2 \qquad\qquad (I.2)$$

Aus (I.1) ergibt sich $m_1 = hf/cv$ und das in (I.2) eingesetzt führt zu:

$$m_0 c^2 + hf = \frac{hf}{cv} c^2 \qquad\qquad (I.3)$$

Wir lösen die Gleichung (I. 3) nach v auf:

$$v = \frac{chf}{m_0 c^2 + hf}$$

Wir nehmen nun ad Absurdum an, dass die Geschwindigkeit v größer oder gleich der Lichtgeschwindigkeit sein könnte:

$$\frac{chf}{m_0 c^2 + hf} \geq c \qquad\qquad (I. 4)$$

Aus (I. 4) ergibt sich dann:

$$m_0 c^2 \leq 0$$

Daraus erschließt sich folgende Aussage: die Hypothese, wonach die Geschwindigkeit eines Körpers größer oder gleich der Lichtgeschwindigkeit ist, setzt die unhaltbare Annahme voraus, dass die Masse des Körpers gleich oder kleiner Null sei.

II. Beispiel – Anwendung der Erhaltungssätze auf die elektromagnetische Emission

Abbildung II. zeigt einen Körper der Masse m_0, der zu einem bestimmten Zeitpunkt ein Photon der Frequenz f emittiert.

Wegen der Emission wechselt der Körper vom Ruhe- zum Bewegungszustand mit der Geschwindigkeit v.

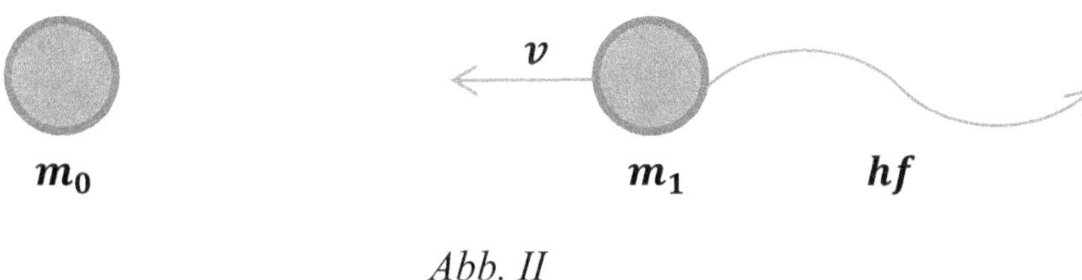

Abb. II

Durch die Anwendung der Erhaltungssätze vor und nach der Emission stellen wir fest:

Für den Impuls:

$$0 = \frac{hf}{c} - m_1 v \qquad\qquad (\text{II.}\,1)$$

Für die Energie:

$$m_0 c^2 = m_1 c^2 + hf \qquad\qquad (\text{II.}\,2)$$

Aus $(\text{II.}\,1)$ *ergibt sich:* $m_1 = hf/cv$ *und das in* $(\text{II.}\,2)$ *eingesetzt führt zu:*

$$m_0 c^2 = \frac{hf}{cv} c^2 + hf \qquad\qquad (\text{II.}\,3)$$

Wir lösen die Gleichung nach v auf:

$$v = \frac{chf}{m_0 c^2 - hf}$$

Wenn wir berücksichtigen, dass die Geschwindigkeit eines Körpers immer niedriger als die Lichtgeschwindigkeit ist, können wir folgende Ungleichung aufstellen:

$$\frac{chf}{m_0 c^2 - hf} < c$$

Daraus folgt:

$$hf < \frac{1}{2} m_0 c^2 \qquad\qquad (\text{II.}4)$$

Aus (II.4) *lässt sich schließen, dass, falls ein einziges Photon emittiert wird, seine Energie hf immer niedriger als die Hälfte der inneren Energie des aussendenden Körpers ist.*

Historia operis

Ich begann schon in den Jahren meines Studiums mit dem Vorhaben, eine alternative Herleitung der Formel $E = mc^2$ zu berechnen.

Ich wusste, dass diese Gleichung in Zusammenhang mit der Relativitätstheorie gebracht wird. Ich wusste aber auch, dass sie für alle Phänomene im Rahmen der klassischen Physik unverändert gilt[21]. Warum sollte sie dann nur „relativistisch" und nicht auch „klassisch" beweisbar sein?

Ich versuchte zunächst die Formel mit der klassischen Physik unter Anwendung des Energieerhaltungssatzes und mit Hilfe der physikalischen Eigenschaften der elektromagnetischen Strahlung zu beweisen. Doch ich scheiterte immer wieder an der Berechnung der Herleitung.

Da es sich bei der Relation $E = mc^2$ um Energie handelt, versuchte ich das Problem zu lösen, indem ich mich auf einen Beweis stützte, der auf Energiebilanz basiert. Und so waren meine Versuche immer wieder erfolglos, bis zu dem Tag, an dem ich folgende Sätze in Wikipedia über die berühmte Formel las:

"An alternative version of Einstein's thought experiment was proposed by Fritz Rohrlich (1990), who based his reasoning on the Doppler Effect. Like Einstein, he considered a body at rest with mass M. If the body is examined in a frame moving with nonrelativistic velocity v, it is no longer at rest and in the moving frame it has momentum P = Mv."

Nach der Lektüre dieser Zeilen wurde mir klar, dass ich in der Herleitung nicht die Energiebilanz und auch nicht den Energieerhaltungssatz verwenden sollte, sondern eine auf der Impulserhaltung basierende Gleichung!

---

[21] In allen exothermen Reaktionen lässt sich eine Massenabnahme (oder Massendefekt) der Reaktionsprodukte gegenüber den Ausgangsstoffen feststellen. Dieser Massendefekt lässt sich durch eine Umwandlung von Masse in Energie nach dem Äquivalenzprinzip E-M erklären. Das gilt sowohl für die nuklearen, als auch für die chemischen Reaktionen. Eine Vielzahl dieser Reaktionen lassen sich allein durch die klassische Physik beschreiben.

Belehrt durch diese Informationen, begann ich selber nach der Lösung zu suchen.

Endlich erreichte ich das Ziel.

Die Kapitel 3 und 4 führen drei alternative Herleitungen des Äquivalenzprinzips E-M. Zwei dieser Herleitungen basieren auf dem optischen Dopplereffekt oder dem Satz der Frequenzverschiebung elektromagnetischer Strahlung.

Dieser Satz, anders als der akustische Dopplereffekt, weist zwei wichtige Eigenschaften auf, die ihn in gewisser Weise schon in Verbindung mit der Relativitätstheorie bringen:

$$f' = f(1 \pm v/c) \qquad (16.1)$$

Zum einen stellt v in der Formel der Frequenzverschiebung (16.1) die *relative* Geschwindigkeit zwischen Lichtquelle und Beobachter dar. Das heißt, es spielt keine Rolle ob sich *die Lichtquelle, der Beobachter oder beide bewegen. Jeder Beobachter kann sich als ruhend betrachten.*

Somit umfasst die klassische Relation (16.1) für die Ausbreitung der elektromagnetischen Wellen, so wie die relativistische Formel auch, keine physikalische Abhängigkeit von einem Trägermedium, geschweige denn von einem absoluten Raum.

Zum anderen zeigt Gleichung (16.1), dass für $v > c$ die Frequenz einen negativen und somit unzulässigen Wert bekäme.

Nach diesem ersten Schritt vergingen ein paar Jahre bis zu dem Tag, an dem mir einfiel, dass es zur Lösung der Differentialgleichung der mechanischen Arbeit (siehe Gl. 1.5) die Relation des Äquivalenzprinzips Energie-Masse angewendet werden kann.

Das führte zur alternativen Herleitung der Abhängigkeit der Masse von der Geschwindigkeit, die im fünften Kapitel dieser Arbeit beschrieben wird.

Bemerkenswert an dieser Herleitung ist das Auftauchen des Lorentzfaktors $1/\sqrt{1 - v^2/c^2}$ in der Massenformel (siehe Relation 5.4). Dieser Faktor wird immer nur für ein exklusives Ergebnis der Lorentz-Transformationen gehalten, die aber in dieser Herleitung nicht verwendet werden.

- Nur Zufall? - und - Handelt es sich hier nur um ein einmaliges Erfolgserlebnis? - Fragte ich mich damals.

Eines war mir aber klar geworden: Mit dieser Herleitung hatte es sich gezeigt, dass in der „Lex Secunda" von Newton mehr Potential steckte als ich bislang vermutet hatte.

In ihrer kompletten Form, das heißt mit beiden Termen (siehe Gleichung 2.1), hatte das Gesetz Newtons zu dieser sehr wichtigen relativistischen Relation geführt.

War das ein Hinweis dafür, dass man noch mehr damit erreichen könnte?

Ich fragte mich ob der zweite Term $\vec{v}\dfrac{dm}{dt}$ der Relation (2.1) nicht doch die vermisste Verbindung von der Newtonschen zur relativistischen Mechanik ermöglicht.

Um dies zu prüfen musste ich versuchen, das Newtonsche Gesetz in Verbindung mit dem, was bislang erreicht worden war, anzuwenden.

Es standen mir jetzt zwei wichtige relativistische Formeln zur Verfügung, die aber aus der klassischen Physik hergeleitet worden waren.

Die *erste Relation* war die der Äquivalenz von Energie und Masse:

$$\Delta E = \Delta m c^2 \qquad (2.6)$$

Die *zweite Relation* war die der Abhängigkeit der Masse von der Geschwindigkeit:

$$m = m_0 / \sqrt{1 - v^2/c^2} \qquad (5.4)$$

Ich wusste, dass die Integration der Differentialgleichung $dE_k = m_0 v dv$ aus dem zweiten Gesetz der Dynamik (siehe Gl. 1.2) zur Berechnung der kinetischen Energie im Rahmen der klassischen Mechanik führt:

$$E_k = m_0 \int_0^v v \, dv = \frac{1}{2} m_0 v^2 \qquad (7.1)$$

Nachweis der relativistischen kinetischen Energie

Es war mir klar, dass die kinetische Energie (7.1) nur für niedrige Geschwindigkeiten und unveränderliche Masse gelten kann, weil sie allein aus dem ersten Term $m_0 v dv$ der Differentialgleichung der Arbeit hergeleitet wird. In ihrer vollständigen Form muss sie jedoch wie folgt definiert werden:

$$dE_k = mvdv + v^2 dm \qquad (1.5).$$

Wenn ich eine gültige Relation der kinetischen Energie für beliebige Geschwindigkeiten erhalten wollte, musste ich also (1.5) integrieren. Diese Aufgabe ist aber nicht ohne weiteres möglich, weil m in (1.5) anders als m_0 in (1.2) geschwindigkeitsabhängig ist.

Jetzt aber konnte diese Abhängigkeit durch die Verwendung der zwei zusätzlichen Formeln (2.6) und (5.4) aufgehoben werden.

Ihre Substitution in (1.5) führte dann zur Differentialgleichung (7.3) deren Integration die Formel der relativistischen kinetischen Energie ergab.

Damit war noch eine weitere ganz wichtige Formel der Relativitätstheorie aus der „Lex Secunda" hergeleitet worden. Es gab keinen Zweifel mehr:

Die Anwendung des zweiten Prinzips der Dynamik mit seinem vollständigen Inhalt führte direkt zur Relativitätstheorie und der zweite Term $\vec{v}\dfrac{dm}{dt}$ von (1.5) schien das *Bindeglied* davon zu sein.

Ein ähnliches Verfahren wie für die kinetische Energie verwendete ich dann auch für die Herleitung der Beschleunigung für beliebige Geschwindigkeiten (siehe Kapitel 17).

Das Ergebnis war die Bestätigung einer weiteren relativistischen Formel ohne den Einsatz der Lorentz-Transformation, welche aktuell die Grundlage der Relativitätstheorie darstellt.

Als wichtiges Glied der Beweiskette bis zur Konstanz der Lichtgeschwindigkeit fehlte nur noch die Herleitung des relativistischen Additionstheorems der Geschwindigkeiten.

Dafür stellte ich mir zuerst ein Gedankenexperiment vor, bei dem es zur Kollision zweier gleich schneller Elektronen kommt.

Durch die Verwendung der Massenformel (5.4) und des Energieerhaltungssatzes gelang es mir dann, einen ersten Beweis des Additionstheorems für gleiche Geschwindigkeiten zu erbringen (siehe Kapitel 9).

Nach diesem weiteren Erfolg wagte ich mich dann mit einer ähnlichen Methode wie im Kapitel 9 an die Durchführung einer alternativen Herleitung des Additionstheorems diesmal aber für beliebige Geschwindigkeiten.

Die Berechnung führte zu einer ziemlich komplizierten algebraischen Herleitung mit vielen Termen, welche kaum noch Hoffnung darauf gaben, zum richtigen Ergebnis zu gelangen.

Inmitten der Berechnung vereinfachten sich aber die Gleichungen wie durch Zauberhand zunehmend (siehe Gleichungen nach Relation 11.5) und führten dann zur relativistischen Formel der Geschwindigkeitsaddition.

Ich war endlich am Ziel!

Durch diesen letzten Beweis konnte gezeigt werden, dass die Konstanz der Lichtgeschwindigkeit, als Grundsatz der Speziellen Relativitätstheorie, kein Postulat, sondern ein mit Hilfe der Newtonschen Mechanik bei gleichzeitiger Gültigkeit der klassischen Physik beweisbares Prinzip ist.

Damit konnte ein durchgehend nachvollziehbarer Übergang von der Newtonschen zur relativistischen Mechanik nachgewiesen werden.

Und dennoch war ich noch nicht ganz zufrieden.

Mit der Abfolge von alternativen Herleitungen hatte ich zwar das Prinzip der Konstanz der Lichtgeschwindigkeit erreicht. Nach diesem Prinzip lassen sich die Lorentz-Transformationen nach zwei verschiedenen Methoden ableiten, so wie Max Born zeigt.

Die erste Methode verwendet eine ziemlich komplizierte und daher schwer zu verfolgende geometrische Herleitung.

Die zweite Methode verwendet ein viel einfacheres algebraisches Verfahren, das jedoch von der eher willkürlichen Annahme ausgeht, dass die gesuchte Transformation linear sei und daher sich nur wegen eines zu berechnenden Faktors (es ist der Lorentz-Faktor) von der Galilei-Transformation unterscheidet.

Beide Herleitungen stimmen nicht mit der in meiner Arbeit angewandten Methode überein, die stattdessen die Erhaltungssätze der Energie und des Impulses verwendet, um alle anderen relativistischen Formeln zu beweisen.

Das Problem hing mit der folgenden Frage zusammen:

Wie kann die Längenkontraktion oder die Zeitdilatation für ein Bezugssystem in relativer Bewegung hergeleitet werden?

Nachweis der Längenkontraktion

In Kapitel 10 hatte ich gezeigt, dass es eine Abhängigkeit der Zeit von der Geschwindigkeit geben muss, da sich zwei Beobachter über gemessene Zeitintervalle nicht einig sind. Das verwendete Gedankenexperiment ermöglichte es jedoch nicht, diese Abhängigkeit korrekt zu bestimmen. Ausgehend von der willkürlichen Annahme, dass die Beobachter die gleichen Längen messen, stimmten die für die Zeit erhaltenen Formeln nicht mit den relativistischen überein.

Andererseits stand ich vor einer scheinbar unlösbaren Aufgabe, denn um die Dilatation der Zeit richtig zu berechnen, musste ich die Kontraktion des Raumes kennen, die jedoch nur berechnet werden konnte, wenn vorher die zeitliche Dilatation bekannt war.

Um das Problem zu lösen, musste ich ein Gedankenexperiment verwenden, bei dem sich die Beobachter entweder auf die Zeitmessung oder auf die Länge einigen konnten.

Der Weg dorthin führt über die Betrachtung von eindimensionalen Abläufen, zu denen sich zwei Beobachter auf einer orthogonalen Achse bewegen und somit gleiche Messungen für Abstände, Geschwindigkeiten und Zeiten vornehmen, wie es sich auch aus der Transformation von Galilei ergibt.

Das Gedankenexperiment, das in Kapitel 12 beschrieben worden ist, ermöglicht es den Beobachtern, die sich orthogonal zum Kollisionskurs der Teilchen bewegen, ein „gemeinsames" Zeitintervall zu definieren, das bis zur Kollision beider Teilchen verstreicht.

Die Berücksichtigung einer möglichen Zeitdilation entfällt somit und die Längenkontraktion in Bewegungsrichtung der Beobachter ergibt sich unmittelbar aus den Energie- und Impulserhaltungssätzen.

Mit der Formel der Längenkontraktion als Funktion der Geschwindigkeit ist es dann sehr einfach die Lorentz-Transformation abzuleiten, wie in Kapitel 13 gezeigt wird.

Dieser letzte Schritt vervollständigt somit die alternative Herleitung der Speziellen Relativitätstheorie.

Anhang

An elementary derivation of $E = mc^2$

Fritz Rohrlich

Department of Physics, Syracuse University, Syracuse, New York 13244–1130

(Received 6 March 1989; accepted for publication 12 April 1989)

The equality $E = mc^2$ is derived in a fashion suitable for presentation in an elementary physics course for nonscience majors. It assumes only 19th-century physics and knowledge of the photon.

Einstein's original derivation of the relation between the inertia and the energy content of a body[1] assumes the knowledge of the relativistic Doppler effect. It was done after his seminal paper on special relativity, but 17 years before Compton's experiments of 1922. Had it been done before 1905 and had the particle properties of the photon already been known at that time, the following derivation could conceivably have been carried out.

One starts with the following four simple assumptions.

(1) The Newtonian formulas for the kinetic energy and the linear momentum of a free body of mass m and speed v, $mv^2/2$ and mv. Correspondingly, one assumes $(v/c)^2 \ll 1$ throughout.

(2) The laws of conservation of energy and momentum, but not the law of conservation of mass believed before 1905 to be valid.

(3) The Doppler effect, which has been known since the first half of the 19th century: Radiation (whether it be sound waves or electromagnetic waves) of speed c and frequency v (when the observer is at rest relative to the source) will be perceived to have that frequency altered by a factor $1 + v/c$ ($1 - v/c$) when the observer moves relative to the source with speed v and in a direction toward it (away from it).

(4) Electromagnetic radiation (in particular visible light) as produced by a source at rest consists of quanta (photons) that have particle properties: Radiation of frequency v consists of photons of energy hv and momentum hv/c. h and c are *constants*.

If these properties of photons had been known to a 19th-century physicist, these statements would have been the accepted truth of the day. Accept them therefore as the basis for an analysis of the following physical process that could be considered as a thought experiment, but which is not beyond realization.

A source of radiation emits two photons simultaneously while remaining at rest in some (Newtonian!) inertial reference frame R. Conservation of momentum requires these two photons to have equal and opposite momenta, and therefore equal frequencies v. Therefore, they also have equal energies hv. Conservation of energy requires that the internal energy of the source diminishes by an amount

$$\Delta E = 2hv. \tag{1}$$

Assume now that this process is viewed from a different reference frame R', which is moving uniformly relative to the rest frame of the source and in such a way that the source is seen to move with speed v in the same direction as one of the photons. Conservation of momentum then requires the momentum of the source before emission p'_i to be equal to the momentum of the source after emission p'_f together with the two momenta of the photons:

$$p'_i = p'_f + \left(\frac{hv}{c}\right)\left(1 + \frac{v}{c}\right) - \left(\frac{hv}{c}\right)\left(1 - \frac{v}{c}\right).$$

The loss in source momentum, $\Delta p'$, is therefore

$$\Delta p' = (2hv/c^2)v. \tag{2}$$

But the source in reference frame R is at rest both before and after emission; in frame R' it must therefore have the same speed v both before and after emission. Now, according to assumption (1) above, the Newtonian formula for momentum is the product of mass times speed. The momentum loss of the source is thus found to *require* a change in mass Δm times v; and that change of mass is found to be

$$\Delta m = 2hv/c^2. \tag{3}$$

Conservation of energy further requires that the initial energy of the source E'_i be equal to its final energy E'_f, together with the energies of the two photons:

$$E'_i = E'_f + hv(1 + v/c) + hv(1 - v/c),$$

or

$$\Delta E' = 2hv = \Delta E. \tag{4}$$

Thus the energy loss ΔE of the source is the same in both reference frames, R and R'.

Inserting Eq. (4) into Eq. (3), the change of mass is found to be

$$\Delta m = \Delta E / c^2. \tag{5}$$

One is thus forced to conclude that the emission of the two photons reduces the mass of the source, and this mass loss amounts to an energy loss of $\Delta E = \Delta mc^2$. The equivalence of inertial mass loss and energy loss has thus been derived from the above four assumptions.

One can go one step further and assume that *all* of the mass of the source is used up by emitting photons of large enough frequency; it must be so that $hv = m_i c^2/2$, where m_i is the initial mass of the source. That mass then disappears, and its energy is present in the two photons that have total energy $E = m_i c^2$. Therefore, the mass m_i must have been associated with that amount of energy.

This concludes the elementary derivation. One can add to it several layers of sophistication. The simplest one is to permit the source (as seen from R') to move at an arbitrary angle α relative to one of the photons. This adds a factor $\cos \alpha$ in the Doppler effect. Momentum conservation in R' then requires two equations, one for the parallel and one for the perpendicular components of the momenta. The end result is of course the same.

Another modification would be to assume the relativistic Doppler effect and the relativistic expressions for the linear momentum of the source. One can still maintain $\alpha = 0$ at first. This results in the relativistic relation between the (rest) mass and the total energy (mass energy plus kinetic energy) of the source. If a finite angle α is also assumed, one returns to the assumptions underlying Einstein's original derivation, and our assumption (4) is no longer necessary to derive Eq. (5).

This article was motivated by the criticism[2] of a faulty derivation in my recent book.[3]

Die Massenformel $m = m_0/\sqrt{1 - v^2/c^2}$ wird in der Gleichung $F = d(mv)/dt$ des Zweiten Prinzips der Dynamik verwendet. Die Differentiation führt direkt zur Formel der relativistischen Beschleunigung für beliebige Geschwindigkeiten. Somit ist die Behauptung widerlegt, wonach das Zweite Prinzip der Dynamik nur mit konstanter Masse verwendbar ist.

$$F = m_0 \frac{d}{dt} \, v \left(1 - \frac{v^2}{c^2}\right)^{-0.5}$$

$$F = m_0 \frac{dv}{dt}\left(1 - \frac{v^2}{c^2}\right)^{-0.5} - 0.5 m_0 v \left(1 - \frac{v^2}{c^2}\right)^{-1.5}\left(-2\frac{v}{c^2}\right)\frac{dv}{dt}$$

$$F = m_0 \left(1 - \frac{v^2}{c^2}\right)^{-0.5}\frac{dv}{dt} + m_0 \left(1 - \frac{v^2}{c^2}\right)^{-0.5}\left(1 - \frac{v^2}{c^2}\right)^{-1.0}\frac{v^2}{c^2}\frac{dv}{dt}$$

$$F = m_0 \left(1 - \frac{v^2}{c^2}\right)^{-0.5}\left(1 + \left(1 - \frac{v^2}{c^2}\right)^{-1.0}\frac{v^2}{c^2}\right)\frac{dv}{dt}$$

$$F = m_0 \left(1 - \frac{v^2}{c^2}\right)^{-0.5}\left(1 + \frac{\dfrac{v^2}{c^2}}{1 - \dfrac{v^2}{c^2}}\right)\frac{dv}{dt}$$

$$F = m_0 \left(1 - \frac{v^2}{c^2}\right)^{-1.5}\frac{dv}{dt}$$

$$a = \frac{F}{m_0}\left(1 - \frac{v^2}{c^2}\right)^{\frac{3}{2}}$$

A III.   (Referiert im Kapitel 9)

Für das in Abbildung 9 beschriebene Gedankenexperiment wird hier eine weitere Herleitung durchgeführt, welche den Impulserhaltungssatz verwendet.

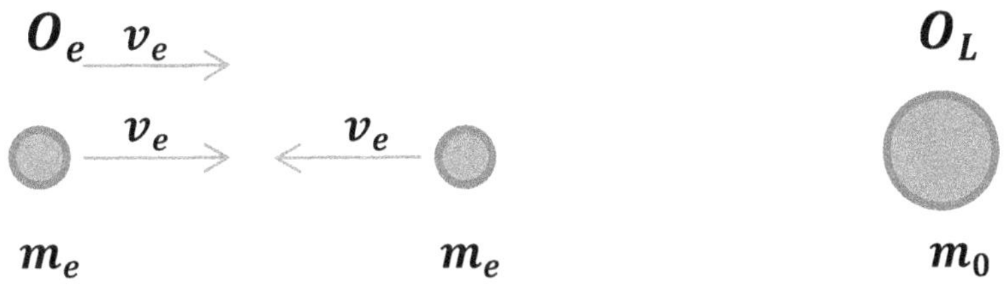

Abb. 9

$$\frac{m_{0e}v_{ee}}{\sqrt{1-\dfrac{v_{ee}^2}{c^2}}} = \frac{2m_{0e}v_e}{1-\dfrac{v_e^2}{c^2}} \qquad \Rightarrow$$

$$\frac{v_{ee}^2}{1-\dfrac{v_{ee}^2}{c^2}} = 4\,\frac{v_e^2}{1-2\dfrac{v_e^2}{c^2}+\dfrac{v_e^4}{c^4}} \qquad \Rightarrow$$

$$v_{ee}^2 - 2\frac{v_{ee}^2 v_e^2}{c^2} + \frac{v_{ee}^2 v_e^4}{c^4} = 4v_e^2 - 4\frac{v_{ee}^2 v_e^2}{c^2} \qquad \Rightarrow$$

$$v_{ee}^2 + 2\frac{v_{ee}^2 v_e^2}{c^2} + \frac{v_{ee}^2 v_e^4}{c^4} = 4v_e^2 \qquad \Rightarrow$$

$$v_{ee} + \frac{v_{ee}v_e^2}{c^2} = 2v_e \qquad \Rightarrow$$

$$v_{ee} = \frac{2v_e}{1+\dfrac{v_e^2}{c^2}} \qquad (9.6)$$

A IV.   (Referiert im Kapitel 11)

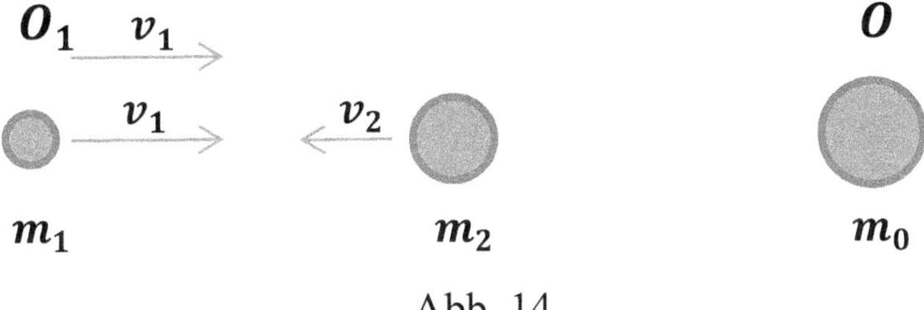

Abb. 14

Für das in Abbildung 14 beschriebene Gedankenexperiment wird hier eine weitere Herleitung durchgeführt, welche den Energieerhaltungssatz verwendet. Aus der Sicht von Beobachter O_1 gilt:

- m_1 ruht,

- m_2 bewegt sich mit der relativen Geschwindigkeit v_{12}, die hier für beliebige Geschwindigkeiten hergeleitet wird (für niedrige Geschwindigkeiten gilt wie bekannt $v_{12} = v_1 + v_2$),

- m_0 bewegt sich mit der Geschwindigkeit v_1.

Deswegen können wir mit folgender Gleichung starten:

$$m_{01}c^2 + \frac{m_{02}c^2}{\sqrt{1 - \beta_{12}^2}} = \frac{m_0 c^2}{\sqrt{1 - \beta_1^2}} \qquad \text{(AIV.1)}$$

Die Terme für m_{01} aus Gleichung (11.3)

$$\frac{m_{01}}{\sqrt{1 - \beta_1^2}} = \frac{m_{02}}{\sqrt{1 - \beta_2^2}} \frac{\beta_2}{\beta_1} \qquad \text{(11.3)}$$

und für m_0 aus Gleichung (11.4)

$$m_0 = \frac{m_{02}}{\sqrt{1 - \beta_2^2}}\left(1 + \frac{\beta_2}{\beta_1}\right) \qquad \text{(11.4)}$$

werden in die Gleichung (AIV.1) eingesetzt:

$$\frac{m_{0z}}{\sqrt{1-\beta_2^2}}\frac{\beta_2}{\beta_1}\sqrt{1-\beta_1^2} + \frac{m_{0z}}{\sqrt{1-\beta_{12}^2}} = \frac{m_{0z}}{\sqrt{1-\beta_2^2}\sqrt{1-\beta_1^2}}\left(1+\frac{\beta_2}{\beta_1}\right)$$

$$\frac{\frac{\beta_2}{\beta_1}\sqrt{1-\beta_1^2}\sqrt{1-\beta_{12}^2}+\sqrt{1-\beta_2^2}}{\sqrt{1-\beta_2^2}\sqrt{1-\beta_{12}^2}} = \frac{\left(1+\frac{\beta_2}{\beta_1}\right)}{\sqrt{1-\beta_2^2}\sqrt{1-\beta_1^2}}$$

$$\frac{\beta_2}{\beta_1}(1-\beta_1^2)\sqrt{1-\beta_{12}^2}+\sqrt{1-\beta_2^2}\sqrt{1-\beta_1^2} = \sqrt{1-\beta_{12}^2}+\frac{\beta_2}{\beta_1}\sqrt{1-\beta_{12}^2}$$

$$\frac{\beta_2}{\beta_1}\sqrt{1-\beta_{12}^2}-\beta_1\beta_2\sqrt{1-\beta_{12}^2}+\sqrt{1-\beta_2^2}\sqrt{1-\beta_1^2} = \sqrt{1-\beta_{12}^2}+\frac{\beta_2}{\beta_1}\sqrt{1-\beta_{12}^2}$$

$$\sqrt{1-\beta_2^2}\sqrt{1-\beta_1^2} = (1+\beta_1\beta_2)\sqrt{1-\beta_{12}^2}$$

$$(1-\beta_2^2)(1-\beta_1^2) = (1+\beta_1\beta_2)^2(1-\beta_{12}^2)$$

$$1-\beta_1^2-\beta_2^2+\beta_1^2\beta_2^2 = 1+2\beta_1\beta_2+\beta_1^2\beta_2^2-(1+\beta_1\beta_2)^2\beta_{12}^2$$

$$-\beta_1^2-\beta_2^2 = 2\beta_1\beta_2-(1+\beta_1\beta_2)^2\beta_{12}^2$$

$$(1+\beta_1\beta_2)^2\beta_{12}^2 = (\beta_1+\beta_2)^2$$

$$\beta_{12} = \frac{\beta_1+\beta_2}{1+\beta_1\beta_2}$$

$$v_{12} = \frac{v_1+v_2}{1+\frac{v_1v_2}{c^2}} \qquad (11.6)$$

Q.E.D.

A V. (Referiert im Kapitel 1)

	Klassische Mechanik	Relativistische Mechanik
Masse	$m = m_0$	$m = \dfrac{m_0}{\sqrt{1 - \dfrac{v^2}{c^2}}}$
Impuls	$p = m_0 v$	$p = \dfrac{m_0 v}{\sqrt{1 - \dfrac{v^2}{c^2}}}$
Longitudinale und transversale Beschleunigung	$a_L = \dfrac{F_L}{m_0}$ $a_T = \dfrac{F_T}{m_0}$	$a_L = \dfrac{F_L}{m_0}\left(1 - \dfrac{v^2}{c^2}\right)^{\frac{3}{2}}$ $a_T = \dfrac{F_T}{m_0}\left(1 - \dfrac{v^2}{c^2}\right)^{\frac{1}{2}}$
Geschwindigkeitsaddition	$v_{12} = v_1 + v_2$	$v_{12} = \dfrac{v_1 + v_2}{1 + \dfrac{v_1 v_2}{c^2}}$
Kinetische Energie	$E_k = \dfrac{1}{2} m_0 v^2$	$E_k = \dfrac{m_0 c^2}{\sqrt{1 - \dfrac{v^2}{c^2}}} - m_0 c^2$
Frequenzverschiebung Quelle→ ←Empfänger ←Quelle Empfänger→	$f' = f\left(1 + \dfrac{v}{c}\right)$ $f' = f\left(1 - \dfrac{v}{c}\right)$	$f' = f\sqrt{\dfrac{c + v}{c - v}}$ $f' = f\sqrt{\dfrac{c - v}{c + v}}$
Längenkontraktion	$l' = l$	$l' = l\sqrt{1 - \dfrac{v^2}{c^2}}$

Zeitdilatation	$t' = t$	$t' = \dfrac{t}{\sqrt{1 - \dfrac{v^2}{c^2}}}$
Raumtransformation	$x' = x - vt$	$x' = \dfrac{x - vt}{\sqrt{1 - \dfrac{v^2}{c^2}}}$
Zeittransformation	$t' = t$	$t' = \dfrac{t - \dfrac{xv}{c^2}}{\sqrt{1 - \dfrac{v^2}{c^2}}}$

Die relativistischen Formeln für **Masse**, **Beschleunigung** und **kinetische Energie** lassen sich direkt aus dem Zweiten Gesetz der Dynamik in Verbindung mit dem Äquivalenzprinzip $E = mc^2$ ableiten.